细胞治疗
知识问答

徐德志　主编

清华大学出版社

北　京

图书在版编目（CIP）数据

细胞治疗知识问答 / 徐德志主编 . -- 北京：清华大学出版社，2025. 6.
ISBN 978-7-302-69615-5

Ⅰ . Q813.6-44

中国国家版本馆 CIP 数据核字第 202558EZ06 号

责任编辑：肖　军
封面设计：钟　达
责任校对：李建庄
责任印制：丛怀宇

出版发行：清华大学出版社
　　　　　网　　　址：https://www.tup.com.cn, https://www.wqxuetang.com
　　　　　地　　　址：北京清华大学学研大厦 A 座　　邮　　编：100084
　　　　　社 总 机：010-83470000　　　　　　　　　邮　　购：010-62786544
　　　　　投稿与读者服务：010-62776969, c-service@tup.tsinghua.edu.cn
　　　　　质量反馈：010-62772015, zhiliang@tup.tsinghua.edu.cn
印 装 者：小森印刷（北京）有限公司
经　　销：全国新华书店
开　　本：165mm×235mm　　　印　　张：14.75　　　字　　数：235 千字
版　　次：2025 年 8 月第 1 版　　　　　　　　　　印　　次：2025 年 8 月第 1 次印刷
定　　价：88.00 元

产品编号：113109-01

主 编 简 介

徐德志　主任医师、教授、博导，曾长期担任医科大学附属医院的科主任、副院长和院长，擅长外科微创手术、脑科疾病诊治、恶性肿瘤的多学科诊疗，在采用国内外前沿技术治疗疑难重症方面，更是有着较为丰富的临床经验，曾组织和参与多项重大科研课题，取得"脑磁图引导下的癫痫手术""巨人症垂体瘤多学科协同治疗""手术戒除药物依赖"等重要科研成果，获业内高度评价，被誉为我国脑科学事业的铺路石和开拓者。他还是我国最早开展干细胞和再生医学临床研究的专家学者之一，在采用干细胞和免疫细胞技术抗衰老、亚健康调理、慢性病和难治性疾病治疗以及癌症防治方面，临床研究病例现已达万例以上。在学术上也颇有造诣，曾主编专著8部，在国家级和省级杂志发表学术论文40多篇，被业内誉为"创新院长和学术院长"。

副主编简介

　　徐慧鹏（Victor Xu） 美国执业医师、主任医师。英国兰卡斯特大学信息工程学士，伦敦帝国理工大学生物医学工程硕士，美国罗斯医学院医学博士。Victor Xu生物医学工程硕士毕业后，曾在美国加州大学MR（磁共振成像）研究所担任研究员多年，在生物医学工程领域打下了坚实的理论功底和实践经验，并在国际著名学术期刊上发表了多篇学术论文。攻读医学博士学位后，先后在美国纽约圣约翰医院、纽约长老会医院（隶属于哥伦比亚大学医学院和康奈尔大学医学院）担任内科住院医师、进修医师、主任医师，同时拥有美国内科，肺科和重症医学科文凭和执业医师证书。现任肺科与ICU主任医师和科室主任，兼任美国内科医师协会会员、美国胸腔学会会员、美国肺科医师协会会员、美国重症医学学会会员和美国华人医师学会会员。对大内科、呼吸内科、重症医学科的常见病、多发病诊疗上临床经验丰富，在采用干细胞治疗慢阻肺、肺纤维化等疾病方面有深度研究。

　　陈周世 广东休斯安的森生物科技有限公司总经理。本科毕业于生物技术专业，后深耕生物科技领域20余年，拥有从实验室建立到项目产业化落地的全链条实战经验，尤其是在GMP实验室管理、生产工艺优化及临床转化应用方面有突出特长。在干细胞和再生医学领域，曾参与和主导多家大型生物科技企业的实验室建设，涵盖生产部、质控部、医学部等核

心部门的组建与运营；参与了国家"重大新药创制"科技重大专项、863计划等国家级课题，在肿瘤抗原、疫苗的生产工艺研发中，成功实现从实验室到中试阶段的规模化突破，并完成第三类医疗技术申报及临床批件。在产业转化领域，熟悉细胞治疗临床应用法规，主导过多个生物治疗制备中心的筹建与运营，并在一些医科大学附属医院推动细胞治疗技术的临床转化，实现了基础研究与临床研究的深度融合，积累了较为丰富的细胞治疗病例，为临床研究的进一步深化打下了坚实的基础。

　　吴立业　注册研究员，副主任技师，中华医学装备杂志编委。毕业于第四军医大学吉林医学院医学生物工程系，现任广东休斯安的森生物科技有限公司副总经理、广东粤都国际医院副院长。在长达40余年的职业生涯中，一直从事生物医学工程领域的技术和管理工作，在生物技术和生物医学工程技术方面有着扎实的理论功底和实操经验，曾参与多家生物科技有限公司和医院的干细胞临床研究工作，系统观察、总结细胞治疗的研究过程及其效果，并主持过多家生物科技公司细胞实验室的ISO9001国际质量体系认证工作。曾发表33篇学术论文，获得13项国家专利证书，其中有6项是关于干细胞临床使用过程中的实用技术专利，对干细胞临床研究技术的推进做出了积极贡献。

前　言

　　在人类医学发展的漫漫长河中，每一次重大突破都如同一座闪耀的灯塔，照亮我们追求健康与战胜疾病的道路。从古代医学的经验积累到现代医学的飞速发展，我们见证了无数次医学理念与技术的革新。第一次医学革命是药物治疗疾病及细菌学革命，可以追溯到数千年前；第二次医学革命是19世纪开始的手术治疗疾病及分子生物学革命；第三次医学革命是随着生物科技的崛起而诞生的用细胞治疗疾病。

　　细胞治疗是第三次医学革命的重要特征，也是这场革命的核心驱动力。它的最重要意义在于：突破了传统药物治疗和手术治疗的局限，从细胞层面修复组织损伤，实现组织器官再生，实现疾病的标本兼治和个性化医疗，为以前被认为是"不治之症"的疑难病带来了希望的曙光。在癌症治疗领域，生物治疗尤其是安全高效的免疫细胞治疗更是展现出了巨大的潜力。

　　2018年诺贝尔生理和医学奖得主詹姆斯·艾利森（James P. Allison）在接受《自然》杂志采访时预言：干细胞和免疫细胞疗法有潜力成为未来医学的核心手段。国内许多专家学者也认为，未来医院中，细胞治疗科有可能成为最大的科室，其设计的疾病范围可覆盖90%以上的已知病种。今后，不会用细胞治疗疾病的医生，将不是一个合格的医生。

　　在划时代的第三次医学革命浪潮来临之时，我国许多著名科学家都屹立船头，破浪前进，带领着广大科研工作者和医务人员攻坚克难，苦战实干，取得了举世瞩目的基础研究和临床研究成果。如今，我国的生物科技和细胞治疗已跻身国际先进行列，周琪、裴钢、田志刚、钟南山、王福生等学科带头人的名字也已蜚声国际学术界。

　　然而，如同任何新兴领域一样，细胞治疗在发展过程中也面临着诸多挑战，如技术的优化与完善、治疗成本的降低、伦理道德的考量以及监管政策的规范等。但这些挑战并不能阻挡细胞治疗前进的步伐，反而激励着全球科研人员、医疗机构和相关企业不断为造福患者、造福社会、造福全人类而探索创新、不懈奋斗。

在我国第三次医学革命即将全面拉开序幕的重要节点上，我和我的同事们总结大量临床研究成果和成功案例，编写了《细胞治疗知识问答》这本兼具科普读物和专门著作为一体的作品。本书采用问答形式，图文并茂，深入浅出，便于记忆，无论你是对细胞治疗充满好奇的普通大众，还是医学专业人士、科研工作者，相信这本书都能为你提供有价值的知识传播和信息快递。期待本书能点燃更多青年学子的科研热忱，启迪行业同仁的创新思维，更希望它成为社会大众走进医学前沿的启蒙之窗。当细胞治疗技术真正实现从实验室到病床旁的完整闭环时，我们回望来路，定会为此刻播下的知识火种倍感欣慰。

徐德志

2025 年 5 月 4 日

目 录

第一章　干细胞知识入门

第一节　名人纵论干细胞

第二节　大众认知干细胞

第二章　干细胞抗衰老

第一节　衰老的概念

第二节　干细胞抗衰的原理

第三节　人的寿命与衰老

第四章　干细胞调理亚健康

第一节　亚健康的危害

第二节　亚健康的治疗

第五章　干细胞治疗疾病

第一节　细胞治疗常识

第八章　细胞治疗的重要组成部分——外泌体

第一章

干细胞知识入门

第一节　名人纵论干细胞

干细胞，20世纪90年代开始用于临床，其相关研究者于1990年、2007年、2011年、2012年、2013年、2018年、2024年先后获诺贝尔生理学或医学奖，目前以干细胞、再生医学为重要标志的生物科技广泛用于抗衰老、亚健康调理、慢性病和难治性疾病的治疗以及恶性肿瘤的防治。

1　为什么科学家们把干细胞和免疫细胞治疗疾病誉为"人类历史上的第三次医学革命"？

科学家们将干细胞和免疫细胞治疗疾病誉为"人类历史上的第三次医学革命"，这是一个至高无上的评价。

众所周知，第一次医学革命是"药物治疗疾病"，那是几千年之前人类发展史上的重大革命；第二次医学革命是"手术治疗疾病"，是建立在解剖、生理病理学基础上的医学革命；第三次医学革命是"细胞治疗疾病"（图1-1）。

随着分子生物学和临床医学的迅猛发展，自20世纪60年代骨髓干细胞移植为代表，干细胞技术已在抗衰老和医疗领域取得重大突破，治疗的疾病范围已经延伸到人体的九大系统。它治疗疾病的基本原理是利用干细胞的归巢特性，从细胞层面修复组织损伤，而人的衰老和患病，基本的病理损害都属于组织损伤，从这个意义上来说，作为一种治疗手段，它最贴近人体生理，最符合治疗需求，也最安全（无毒无害），最易实现各种疾病的标本兼治，可以使以前很多"不治之症""难治之症"变成"可治之症"。

干细胞已被誉为"生命修复剂""医学希望之光"，因为它有可能重建受

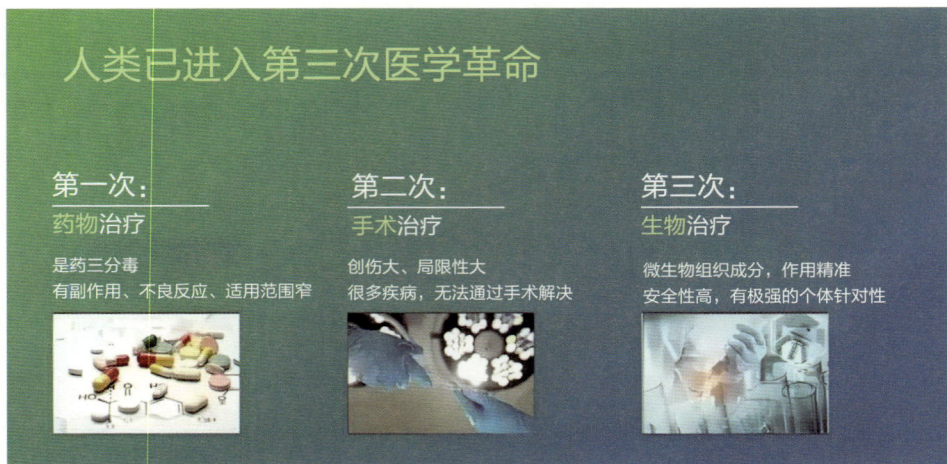

图1-1　人类历史上的三次医学革命

损的组织和器官，为许多疑难病症和损伤修复带来康复的曙光，给无数患者带来前所未有的希望。它被看作未来个性化医疗的重要基石，因细胞疗法能根据个性需求进行精准治疗和修复，故拥有巨大的潜力来改变医疗格局。

科学家们将细胞治疗疾病视为医学发展史上的重要里程碑，它标志着人类治疗疾病已经进入了全面标本兼治的时代，药物＋手术＋细胞治疗，将会使人类的平均期望寿命提高到100岁以上，120～150岁的长寿老人将会成为人类社会的常态，人类延年益寿将不再是一个梦。

科学家们还提醒医务工作者，今后不会用细胞治疗疾病的医生，将不是一个合格的医生。

2　为什么说干细胞代表着现代医药的发展方向？

干细胞是开启再生医学大门的关键钥匙，代表着现代医药的发展方向。这是国际上许多医学和药学家们的高度共识（图1-2）。

干细胞属于生物科技、再生医学范畴，培养的细胞既可制备活细胞输注，又可制成药品广泛应用于临床，因此，说它代表着现代医药的发展方向是名副其实的。

总之，干细胞的问世，是现代医学史上的重大发现，也是人类发展史上

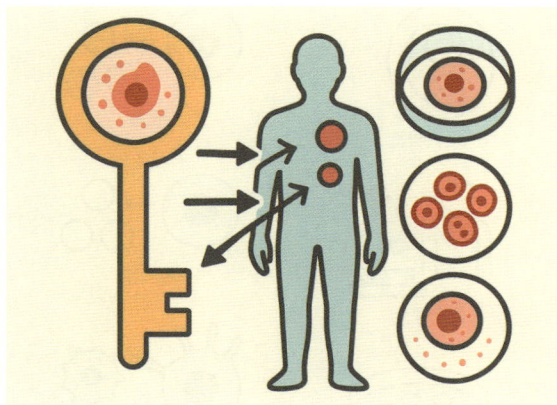

图 1-2　干细胞为再生医学开启大门

的里程碑事件，干细胞的重要性和意义无论怎样高度评价都不为过，它为人类健康事业的发展展现了广阔而令人振奋的前景。

3　在干细胞研究领域中，有哪些标志性成就？

干细胞研究是一个快速发展的领域，目前有一系列干细胞研究的标志性成果（图 1-3）。

1. 诱导多能干细胞的发现　2006 年，日本科学家山中伸弥首次将体细胞重编程为诱导多能干细胞（iPSCs）。这一发现为再生医学提供了新的途径，因为 iPSCs 可以分化为各种类型的细胞，有望用于治疗多种疾病。

2. 人类胚胎干细胞的分离和培养　1998 年，美国科学家詹姆斯·汤姆森首次成功地分离和培养了人类胚胎干细胞。这一成果为研究人类发育和疾病机制提供了重要的工具，也为干细胞治疗的发展奠定了基础。

3. 干细胞治疗的临床应用　干细胞治疗已经在一些疾病的治疗中取得了显著的成果。例如，造血干细胞移植已经成为治疗白血病等血液疾病的有效方法；间充质干细胞治疗也在一些疾病的治疗中显示出了潜力，如骨关节炎、心肌梗死等。

4. 干细胞的分化机制研究　科学家们对干细胞的分化机制进行了深入的研究，揭示了一些关键的信号通路和转录因子在干细胞分化中的作用。这些

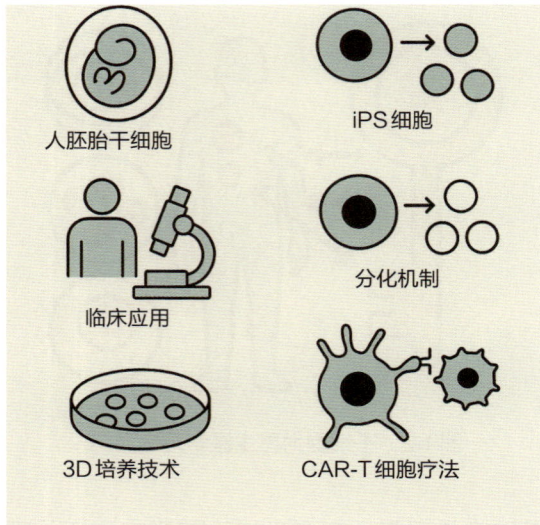

图1-3 干细胞研究领域的标志性成就

研究成果为干细胞的定向分化和应用提供了理论基础。

5. 3D 培养技术的发展 3D 培养技术可以模拟体内细胞的微环境，有助于干细胞的生长和分化。这一技术的发展为干细胞研究和应用提供了新的手段。

6. CAR-T 细胞疗法 美国癌症研究中心的 Steven A. Rosenberg（史蒂芬 A. 罗森伯格）博士是探索免疫细胞治疗癌症的先行者，他发现肿瘤组织里面有大量的肿瘤浸润淋巴细胞（TILs），他把这类T细胞拿到体外来扩增，然后回输给患者，发现有比较好的效果。

基于这个原理，美国宾夕法尼亚大学卡尔·朱恩（Carl H. June）教授进一步创建了CAR-T细胞治疗，即不用肿瘤浸润的淋巴细胞，而是用肿瘤患者的外周血液里的淋巴细胞，给这些T细胞加上CAR（嵌合抗原受体），能够精准识别血液里的肿瘤细胞。这种疗法在治疗白血病时取得成功。

在实体瘤方面，美国免疫学家詹姆斯·艾利森（James P. Allison）和日本免疫学家本庶佑（Tasuku Honjo）利用免疫细胞来增强机体免疫力，帮助肿瘤患者治愈肿瘤。这两位科学家倡导免疫检查点（如PD-1和CTLA-4等）阻断疗法，从而为采用免疫细胞治疗肿瘤的诞生奠定了坚实的基础。

2013年，美国《科学》杂志将细胞免疫治疗评为当年十大科学突破之一，位于榜首；正式把免疫治疗列为除手术、放疗、化疗以外的第四种治疗癌症的手段。

这些成果只是干细胞研究中的一部分，随着研究的不断深入，相信会有更多的标志性成果涌现，为人类健康带来更多的希望。

4　以干细胞为重要标志的生物科技，获得了哪些诺贝尔奖项？

诺贝尔医学和生理学奖是国际医学科技领域最高也是最权威的奖项。干细胞研究的多项成果曾多次获得诺贝尔医学和生理学奖。

1. 2007年，英国科学家马丁·伊万、美国科学家马里奥·卡佩奇和奥利弗·史密斯，因"涉及胚胎干细胞和哺乳动物DNA重组方面的一系列突破性发现"而获得诺贝尔生理学或医学奖。

2. 2012年，诺贝尔生理学或医学奖授予英国科学家约翰·格登和日本科学家山中伸弥，以表彰他们在细胞核重编程研究领域的杰出贡献。他们的研究成果为获取多能干细胞增添了一个新的途径，彻底改变了人类对细胞和生物体发展的认识。

3. 2018年，诺贝尔生理学或医学奖授予美国免疫学家詹姆斯·艾利森和日本免疫学家本庶佑，以表彰他们在癌症免疫治疗领域的贡献。他们的研究成果为癌症治疗带来了新的突破，其中涉及干细胞的应用（图1-4）。

图1-4　2018年诺贝尔医学和生理学奖

4．2024年，诺贝尔生理学或医学奖颁给美国麻省大学医学院教授维克托·安布罗斯（Victor Ambros）和哈佛大学医学院教授加里·鲁夫坎（Gary Ruvkun）。表彰他们发现微小RNA（microRNA）及其在转录后基因调控中的作用。

发现微小RNA及其在转录后基因调控中的作用，对干细胞的研究产生了重要影响。①干细胞的分化调控：干细胞具有多向分化的能力，能够分化为各种不同类型的细胞。微小RNA在这个过程中起到了关键调控作用。特定的微小RNA可以促进或抑制干细胞向特定细胞类型的分化。例如，一些微小RNA的表达能够促使干细胞向神经细胞、心肌细胞等方向分化，而抑制其他不必要的分化方向。通过对微小RNA的研究，科学家们可以更好地理解干细胞分化的机制，从而为干细胞治疗提供理论基础和技术支持。②干细胞的自我更新维持：干细胞需要保持自我更新的能力，以维持其在体内的数量和功能。微小RNA也参与了对干细胞自我更新的调控。某些微小RNA可以调节干细胞内的信号通路，影响干细胞的增殖和自我更新。如果这些微小RNA的表达异常，可能会导致干细胞的自我更新能力受损，从而影响组织的修复和再生。③疾病状态下的干细胞研究：在一些疾病中，如癌症、心血管疾病等，干细胞的功能和特性可能会发生改变。微小RNA的异常表达与这些疾病的发生发展密切相关。通过研究疾病状态下干细胞中微小RNA的变化，有助于揭示疾病的发病机制，并为疾病的诊断和治疗提供新的靶点。例如，在癌症中，一些微小RNA的表达失调可能导致癌细胞具有类似于干细胞的特性，即"癌症干细胞"的产生，这些癌症干细胞对癌症的复发和转移起着重要作用。通过调节相关的微小RNA，能够抑制癌症干细胞的形成和发展。

综上所述，2024年诺贝尔生理学或医学奖的科研成果——微小RNA的发现及其在转录后基因调控中的作用，与干细胞研究密切相关，为干细胞的研究和应用提供了重要的理论基础和研究方向。

5　业界名人是怎样评价干细胞的？

• 诺贝尔生理学或医学奖获得者兰迪·谢克曼：干细胞在治疗疾病方面有着无法替代的优点，在理论上，干细胞技术能够治愈所有的疾病。

干细胞最显著的作用是能再造一种全新的、正常的甚至更年轻的细胞、组织或器官，由此人们可以用自身或他人的干细胞和干细胞衍生组织、器官替代病变或衰老的组织、器官，并可以广泛用于传统治疗方法难以医治的多种顽症，诸如白血病、早老性痴呆、帕金森氏病、糖尿病、卒中和脊髓损伤等一系列目前尚不能治愈的疾病。

- **诺贝尔生理学或医学奖获得者托马斯·苏德霍夫**：干细胞是一个非常好的治疗方法，传统医学治疗无法解决的问题，干细胞研究将带来新的希望。

- **周琪院士**：干细胞的价值在于它的科学本质，干细胞可以不断地复制自己，它会不断地增殖，它也可以向各种组织器官分化，所以它这种特性决定它这种潜质，是替代、修复缺损的器官，甚至是延缓我们的衰老，增强我们的健康。

- **裴钢院士**：我们要把干细胞真正变成老百姓非常喜欢的产品，它不仅能够治疗各种疾病还能够治未病、防治衰老。

干细胞非常具有前景，是一件非常新兴的事情。目前，全世界各个国家都投入大量的人力、财力、物力来从事干细胞的研究。将来，干细胞对社会、对整个经济的发展、对人民的健康，乃至整个经济产业的发展都会带来巨大的影响。我国的再生医学科技发展非常迅速，给全国人民带来了美好的希望，期待未来干细胞能使人类的生活更加美好，身体更加健康！

- **陈义汉院士**：干细胞治疗是一个朝阳产业，前景无限，许多重大疾病有可能通过细胞治疗取得重大突破，应把这一方向发扬光大，推进干细胞从研发走向临床实际应用，走向产业化。

- **张伯礼院士**：免疫力是保护身体非常重要的武器，干细胞和免疫细胞可以为机体提供源源不断的修复再生能力。

- **李劲松院士**：类精子干细胞介导的遗传改造，能够高效、精准、低成本地制备转基因小鼠，为复杂疾病的研究提供了新的途径。

- **詹启敏院士**：干细胞的再生能力对组织器官的修复替代和器官的重建、制造有很大帮助，在治疗白血病、免疫系统疾病等过去难以医治的疾病方面有很大潜力。

- **陈晔光院士**：干细胞研究与应用持续为人民群众的生命健康提供保障，应用干细胞技术不仅可以治疗疾病，还可以延展出类器官技术，以加速新药开发、助力精准医疗，甚至有望推动再生医学实现飞跃。

- **郑树森院士**：干细胞技术在器官移植领域应用潜力巨大，靶向干预干细胞有望成为促进肝脏损伤修复与再生的有效手段。

- **张志愿院士**：干细胞治疗可应用于全身疾病，发展前景越来越好，牙源性干细胞具有分化增殖能力强、可塑性强、保存时间长、免疫原性低、来源丰富、取材便利等优点。

- **鞠躬院士**：干细胞在危重症中的应用具有令人兴奋的数据，人类在征服疾病的创新方法，特别是在细胞层面的技术创新，更令人期待。

- **王福生院士**：细胞治疗在肿瘤、疑难危重症的治疗中发挥重要作用，它的显著特点就是安全性好，没什么副作用，同时还能提高人体的免疫力。细胞治疗的黄金时代已经到来。

间充质干细胞治疗可发挥免疫调节作用。疑难危重疾病条件下，体内异常的免疫应答或者异常的炎症反应，造成组织器官的严重损伤，如红斑狼疮、类风湿关节炎、白塞综合征、干燥综合征等。

免疫细胞治疗肿瘤的显著特点是安全性好，没什么副作用，同时它又是提高人体的免疫力，直接发挥抗肿瘤的作用，达到治疗肿瘤的效果。

- **白春礼院士**：从理论上说，干细胞技术能治疗各种疾病，且具有无可比拟的优点！

- **董晨院士**：用免疫系统来抵抗肿瘤，这是免疫学家的梦想。免疫细胞最主要的家族当属淋巴细胞，包括B淋巴细胞，T淋巴细胞和NK淋巴细胞。B淋巴细胞，实际上是火箭军，发射导弹，对病菌感染进行抑制，对病菌进行清除，这是体液免疫。T和NK淋巴细胞，依靠细胞免疫发挥作用。

- **孔祥复院士**：脐带血在医学界的发展潜能无限，脐带血中的造血干细胞除可用于治疗多种血液系统疾病和免疫系统疾病外，还能够治疗脑瘫、脑卒中、孤独症，视觉神经萎缩、糖尿病等疾病。

- **付小兵院士**：干细胞的诱导分化功能，可以在病患身上实现汗腺再生。这一技术的成功使用，可望建立一种利用干细胞再生汗腺的重大新技术，帮助烧伤患者逃离每天不得不吹空调、泡水缸的命运。

- **赵继宗院士**：通过生物材料、生长因子与干细胞重建有利于神经再生的微环境，成为修复脊髓损伤的重要策略。

- **戴尅戎院士**：以组织工程为基础的再生医学一直是医学研究的前沿和

热点。传统组织工程有三个要素：支架、细胞（附着干支架上扩增，主要为多能干细胞）与生长因子，以此"再生"出新的肌肉、神经、骨等人类所需的组织，甚至器官。

• **刘以训院士**：针对女性不孕，我们研究人员从患者月经血中分离到间充质干细胞，经过体外的培养扩增后，回输到患者子宫，分化成子宫内膜细胞，增加子宫内膜厚度，使其适于进行胚胎移植。目前，该研究已在部分患者身上获得成功。

• **钟南山院士**：干细胞的价值在于它的科学本质，干细胞它可以不断地复制自己，它会不断地增殖，它也可以向各种组织器官分化，所以它这种特性决定它这种潜质，是替代、修复缺损的器官，甚至是延缓我们的衰老，增强我们的健康。

• **顾晓松院士**：以脊髓损伤为例，组织工程技术通过生物材料、干细胞和小分子药物使受损伤的脊髓能够再生，让患者逐步恢复运动知觉。目前正在研究利用克隆干细胞做成类似于仿人体的肝脏组织，实现人工肝脏功能正常运转，改善重病患者生活。

• **李兰娟院士**：用人工肝、干细胞、微生态等新技术救治重症患者，可大大降低病死率。

• **陈润生院士**：干细胞最重要的东西，就是用细胞移植代替器官移植，这是革命性的。干细胞是一种未分化的细胞，它具有非常好的分化潜力，也具有很好的修补破坏细胞的功能。总地来讲，干细胞会给人类、特别是给医学带来革命性的变化。

• **施一公院士**：伴随着脑科学和结构生物学的进展，人们正在以原子水平感知生命机理，试图理解人在本质上怎样观察世界。随着干细胞技术的成熟和其他生物技术的开发，以往更多的不治之症变得可治可控。

• **徐涛院士**：干细胞在新型冠状病毒肺炎治疗上的效果还是不错的，首先它的安全性得到了确认，从效果上来看，对于肺纤维化还是有明显的改善作用。

• **于金明院士**：近年来生命科学已成为发展最迅速、影响最广泛的科学领域，以干细胞治疗技术应用的临床示范和产业基地建设为代表的重大科技专项落地，持续为干细胞技术的发展注入新动能。同时，国家的政策引导及资金投入，保障了对干细胞技术研究的支持。干细胞研究和临床转化政策日益完善，将推动和促进中国干细胞治疗领域的健康快速发展。目前，我国干细胞医疗行业已拥有成熟的产业链，从上游的干细胞存储、中游的药物研发到下游的临床治疗，都有相对完整的链条，其发展将为医疗领域提供革命性的技术手段。

• **陈子江院士**：新型冠状病毒肺炎疫情中，干细胞发挥了重大作用。在生殖医学领域，对于薄型子宫内膜修复、反复妊娠失败等诸多疾病，干细胞治疗都表现出不错的疗效。

• **廖万清院士**：干细胞外泌体在皮肤临床的应用，将推动皮肤科外用制剂的新革命。现在打造高层次医学科研创新平台，相信将来会为患者提供更多、更好的解决方案。

• **周宏灏院士**：我们要感谢干细胞，未来将在人类健康中发挥非常重大的作用。一些突出的慢性疾病、重大的恶性疾病、全新的疾病，一些健康方面的问题，都可能因为干细胞的研究转化而受益。

• **王广基院士**：细胞药物正在引发医学革命。其中，异体间质干细胞是细胞治疗中最具发展前景、最有可能成为一种治疗手段将给诸多疑难杂症（如移植物抗宿主病、系统性红斑狼疮、克罗恩病、脊髓损伤、膝骨关节炎等）的治愈带来可能。

• **苏国辉院士**：干细胞治疗作为再生医学领域中最先进的治疗方式，已在膝骨关节炎治疗中表现显著的治疗效果，它势必会推动医疗、预防医学等行业发生颠覆性的革命。随着干细胞产业政策不断的完善和落地，未来需要加快核心关键技术研发、推进科技与产业的深度融合、强化科技成果转化等。

• **郑树森院士**：干细胞技术是前沿科技，在器官移植应用领域潜力巨大，靶向干预干细胞有望成为促进肝脏损伤修复与再生的有效手段。

• **陈晔光院士**：干细胞相关科研成果在疾病治疗、再生医学等方面发挥越来越重要的作用。应用干细胞技术，不仅可以治疗白血病、免疫系统疾病等过去难以医治的疾病，还可以延展出类器官技术，以加速新药开发、助力精准医疗，甚至有望推动再生医学实现飞跃，如治疗阿尔茨海默病、修复衰老器官等。可以说，干细胞研究与应用持续为人民群众的生命健康提供保障。

• **陈义汉院士**：我认为干细胞治疗是一个朝阳产业、前景无限，许多重大的疾病有可能通过细胞治疗取得重大的突破，应把这一方向发扬光大，推进干细胞从研发走向临床实际应用，走向产业化。

第二节　大众认知干细胞

6　什么是细胞？

认识干细胞，首先要知道什么是细胞。细胞是生物基本的结构和功能单位。人体是由细胞组成的，成年人体内有40万亿～60万亿个细胞。这么多的细胞，其实都是由一个细胞变成的，这个最初的细胞叫作受精卵。

细胞的结构通常包括细胞膜、细胞质和细胞核等部分（图1-5）。细胞膜将细胞内部与外部环境分隔开，控制物质的进出；细胞质中包含各种细胞器，如线粒体、叶绿体、内质网、高尔基体等，它们各自执行特定的功能；细胞核则储存着遗传信息，控制细胞的生长、发育和繁殖等生命活动。细胞的种类繁多，不同类型的细胞在形态、结构和功能上存在差异，但它们都共同协作，以维持生物体的正常生命活动。

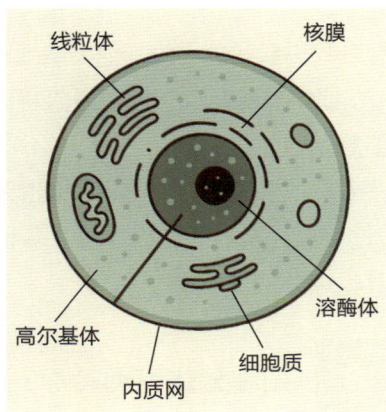

图1-5　细胞结构

从生命的起源和演化角度来看，细胞的出现是生命发展的重要里程碑，它为生命的复杂性和多样性奠定了基础。

7　细胞在人体内是怎样存在的？

人体内的细胞不是一成不变的，每时每刻都有许多细胞增殖新生，更换衰老死亡的细胞，以维持机体的生长、发育，生殖及损伤后的修补。

细胞的生命活动包括：生长、分裂、分化、死亡（图1-6）。生长的结果是使细胞逐渐变大，分裂的结果是使细胞数量增多，分化的结果是形成不同功能的细胞群（组织），细胞死亡是细胞衰老的结果，是细胞生命现象的终止。

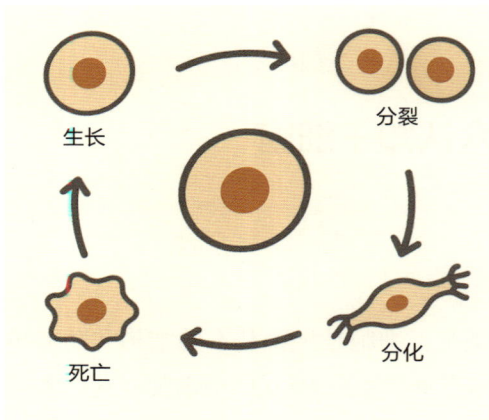

图1-6　细胞的生命过程

不同类型的细胞在人体内具有不同的功能。例如，神经细胞负责传递神经信号，协调人体的生理活动；肌肉细胞负责收缩和放松肌肉，使人体能够进行运动；上皮细胞覆盖在人体内部和外部的表面，具有保护和分泌等功能；免疫细胞负责抵御病原体和清除体内的有害物质；血细胞包括红细胞、白细胞和血小板，负责运输氧气和营养物质，保护人体免受感染和损伤；干细胞具有自我更新和分化为其他类型细胞的能力，在组织修复和再生中发挥重要作用。

此外，细胞的生存还依赖于细胞外液，包括血浆、淋巴液和组织液等。细胞通过内、外液溶质密度不同（渗透压）进行物质交换，从而获取所需的营养物质和氧气，并排出代谢废物。

总之，细胞在人体内以多种方式存在和相互作用，共同维持着人体的正常生理功能。

8　细胞分化有何特点？

细胞分化就是由一种相同的细胞类型经过细胞分裂后逐渐在形态、结构和功能上形成稳定性差异，产生不同细胞类群的过程。细胞分化具有以下特点（图1-7）。

1. 持久性　细胞分化贯穿生物体整个生命的进程之中，在胚胎期达到最大程度。

2. 稳定性和不可逆性　一般情况下，分化了的细胞将一直保持分化后的状态，直到死亡，且细胞分化是不可逆转的过程。

3. 普遍性　细胞分化是生物界普遍存在的

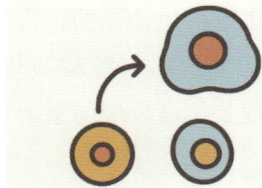

1. 持久性
2. 稳定性和不可逆性
3. 普遍性
4. 差异性
5. 遗传物质不变性

图1-7　细胞分化的特点

现象。

4．差异性　不同细胞之间在形态结构和生理功能上存在差异。

5．遗传物质不变性　细胞分化前后，细胞内的遗传物质不发生改变。

9 我们是怎么从受精卵变成一个成熟个体的？

人体是由源于父体的精子同母体的卵子结合形成受精卵，逐步发育而成。受精卵是形成人体的第一个细胞，受精卵慢慢的长大，一分为二，二分为四，四分为八……，就这样成倍的增加；细胞在数量增加的同时也进行着分化，从而形成不同功能的细胞。那些形态相似、结构相同、功能相关的细胞结合起来成为组织。不同的组织，按一定的顺序组成器官。各种器官协调配合，形成系统。各个系统分别具有不同的功能，维持人体的正常生存和活动（图1-8）。

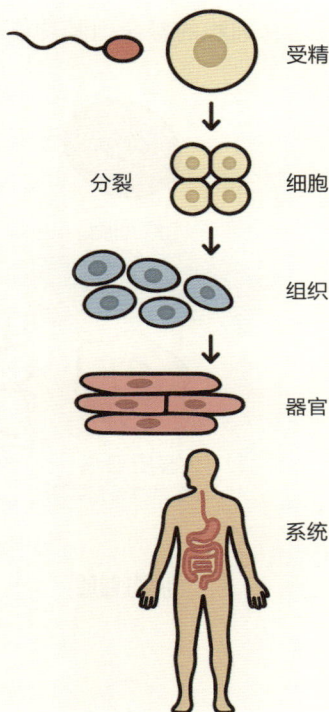

图1-8　人体的发生

10 细胞的寿命有多长？

细胞也是有生命的，也会衰老、死亡；细胞衰老是一个过程，这一过程的长短即细胞的寿命，它随组织种类而不同，同时受环境条件的影响。各种动物的细胞最大分裂次数各不相同，人细胞一般为50～60次。一般来说，细胞最大分裂次数与动物的平均寿命成正比。

不同类型的细胞在人体内的寿命差异很大，例如：红细胞的寿命为120天左右，它们在血液中负责运输氧气和二氧化碳；白细胞的寿命则长短不一，短的如中性粒细胞可能只有几个小时，而有些淋巴细胞的寿命可达数年；表皮细胞不断更新，其寿命通常为数天到数周；神经细胞在正常情况下寿命很长，可以伴随人的终生；肝细胞的寿命约为18个月；胃黏膜上皮细胞的寿命较短，为2～3天；心肌细胞在正常情况下寿命很长，但受损后再生能力较弱（图1-9）。

总之，细胞的寿命因其功能和所在的组织器官不同而有很大差别。

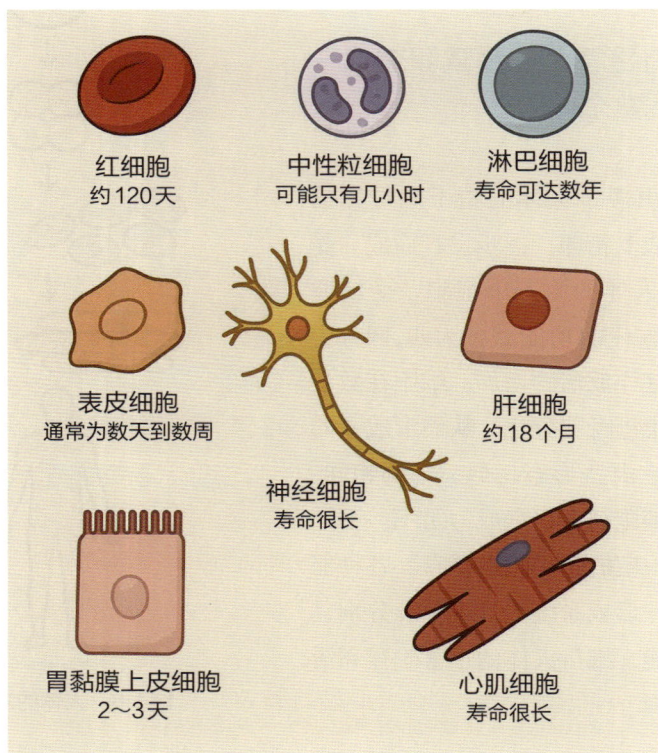

图1-9　人各类细胞的寿命

11　细胞出了问题，就会导致衰老、亚健康和疾病吗？

所有的衰老、亚健康和疾病都是细胞这个层面出了问题，都是因为细胞功能下降、细胞衰老和死亡引起的（图1-10）。

1. 衰老方面　随着年龄的增长，细胞会发生一系列变化，从而导致衰老。

（1）细胞复制能力下降：干细胞数量减少且活性降低，使得组织器官的再生和修复能力减弱。例如，皮肤中的干细胞减少会导致皮肤弹性下降、出

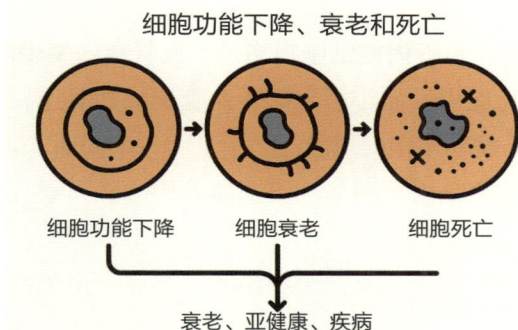

图1-10 人体的衰老、亚健康和疾病

现皱纹。

（2）细胞代谢功能减退：细胞内的代谢废物积累，影响细胞正常功能。如线粒体功能下降，能量产生减少，身体机能逐渐衰退。

（3）细胞损伤累积：长期受到外界环境因素（如紫外线、化学物质等）的影响，细胞内的 DNA 损伤、蛋白质错误折叠等问题逐渐累积，难以完全修复，加速了衰老进程。

2. 亚健康方面 亚健康状态常表现为疲劳、失眠、记忆力下降等，这也与细胞功能异常有关。

（1）免疫系统细胞功能失调：免疫细胞活性降低或数量异常，可能导致身体对病原体的抵抗力下降，容易出现反复感染、过敏等情况，使人处于亚健康状态。

（2）神经细胞功能紊乱：大脑中的神经细胞传递信号异常，可能引起情绪波动、焦虑、抑郁等心理问题，以及记忆力减退、注意力不集中等认知功能障碍。

（3）内分泌细胞功能异常：内分泌腺体中的细胞分泌激素失衡，会影响身体的代谢、生长发育和生理功能调节。例如，甲状腺细胞分泌甲状腺激素异常，可能导致疲劳、体重变化等亚健康症状。

3. 疾病方面 许多疾病直接源于细胞的病变。

（1）癌症：是由于细胞的基因突变，导致细胞异常增殖和分化失控。癌细胞不受正常生长调控机制的约束，不断生长和扩散，破坏正常组织器官的结构和功能。

（2）心血管疾病：血管内皮细胞损伤是心血管疾病发生的重要因素之一。内皮细胞受损后，可能引发血小板聚集、血管炎症等反应，促进动脉粥样硬化的形成，增加心脏病和卒中的风险。

（3）糖尿病：主要是由于胰岛细胞功能障碍，胰岛素分泌不足或胰岛素抵抗，导致血糖调节失常。

然而，并非所有的衰老、亚健康和疾病都是完全由细胞问题引起的。环境因素、生活方式、遗传因素等也在其中起着重要作用。例如，不良的饮食习惯、缺乏运动、长期的精神压力等生活方式因素会影响身体健康，而某些疾病可能是由遗传突变、病原体感染等多种因素共同作用的结果。但不可否认的是，细胞作为生命的基本单位，其功能状态与衰老、亚健康和疾病的发生发展密切相关。

12 什么是干细胞？

干细胞的"干"译自英文"stem"，意为"树干""起源"，干细胞也就是起源细胞，意思是干细胞就像一颗树干可以长出树杈、树叶、开花和结果一样（图1-11）。

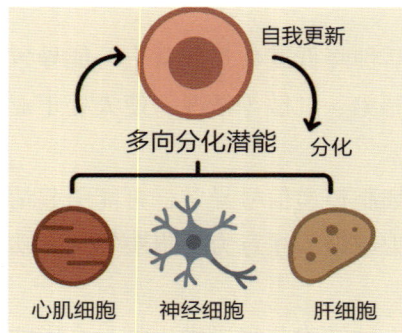

图1-11 干细胞

因此，科学界这样定义干细胞：一类原始的未分化或未充分分化的细胞，是形成人体各组织器官的原始细胞。它们具有自我更新和多向分化的潜能，在一定条件下，可以分化成多种功能细胞或组织器官，医学界称其为"万用细胞"。

干细胞是一类具有自我更新和多向分化潜能的细胞。自我更新意味着干细胞能够通过分裂产生与自身相同的子代细胞，从而维持细胞数量的稳定；多向分化潜能则表示干细胞在一定条件下可以分化为多种不同类型的细胞，如心肌细胞、神经细胞、肝细胞等。

根据分化潜能的不同，干细胞可分为全能干细胞、多能干细胞和专能干细胞。全能干细胞具有发育成完整个体的潜能，如受精卵；多能干细胞又称亚全能干细胞，可以分化出多种组织细胞，但不能发育成完整的个体，如胚胎干细胞；专能干细胞的分化能力相对较局限，只能分化为一种或几种密切相关的细胞类型。

干细胞在医学领域具有广阔的应用前景，例如用于细胞治疗、组织修复和再生、疾病模型研究等。

13 干细胞从哪里来？

干细胞就在我们的身体里，来源较为广泛，主要包括以下几个方面（图1-12）。

1. 胚胎 胚胎干细胞来源于早期胚胎，通常是受精后3～5天的囊胚内细胞团。

2. 成体组织 在许多成体组织和器官中都存在干细胞，如骨髓中的造血干细胞和间充质干细胞，大脑中的

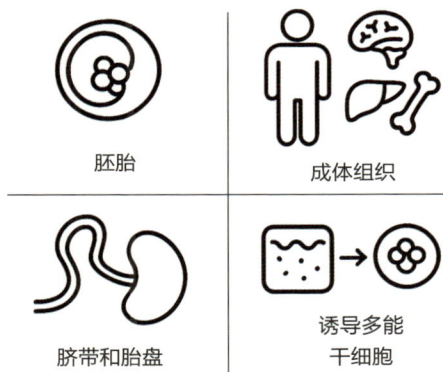

图1-12   干细胞的来源

神经干细胞，皮肤中的表皮干细胞，肝脏中的肝干细胞等。

3. 脐带和胎盘 新生儿出生后的脐带和胎盘中含有丰富的干细胞，如脐带血干细胞、脐带间充质干细胞、胎盘间充质干细胞等。

4. 诱导多能干细胞 通过对已分化的体细胞（如皮肤细胞）进行重编程，使其恢复到类似胚胎干细胞的多能状态。

14 干细胞的分类有哪些？

在我们身体的这个社会中，每一个体细胞都被训练得高度"专业"，以适应自己的功能。但干细胞还像是一个未接受过任何专业训练的学生，具有从事各种职业的潜能，比如修复损伤组织细胞、替代损伤细胞的功能或刺激机体自身细胞的再生功能。

干细胞是没有经过分化的细胞，没有任何特殊结构或功能，但干细胞有种潜力，就是变成人体中任何一种细胞。

1. 按照发育阶段分类，可分为胚胎干细胞和成体干细胞。

（1）胚胎干细胞包括ES细胞、EG细胞。

（2）成体干细胞包括神经干细胞、血液干细胞、骨髓间充质干细胞、表皮干细胞等。

2. 按分化潜能，干细胞可分为全能干细胞，多能干细胞，专能干细胞。

（1）全能干细胞：具有形成完整个体的分化潜能，如受精卵。

（2）多能干细胞：具有分化出多种细胞组织的潜能，如胚胎干细胞（ES）。

（3）专能干细胞：只能向一种或两种密切相关的细胞类型分化，如神经干细胞、造血干细胞。

如果把人体比喻为一棵树，深埋大地的种子就是全能干细胞（天然的胚胎干细胞和人工制备的诱导多能干细胞），可以分化出完整的人体，就如同种子可以发育成长为一颗参天大树。

大树的主要枝干可以比喻为多能干细胞，主要包括亚全能干细胞和间充质干细胞，可以分化为神经细胞、心肌细胞、肝细胞、肌肉细胞、软骨细胞、成骨细胞、脂肪细胞、血管内皮细胞等多系统的功能细胞，就如同每个树冠能生出的葱郁的枝丫、树叶和果实（图1-13）。

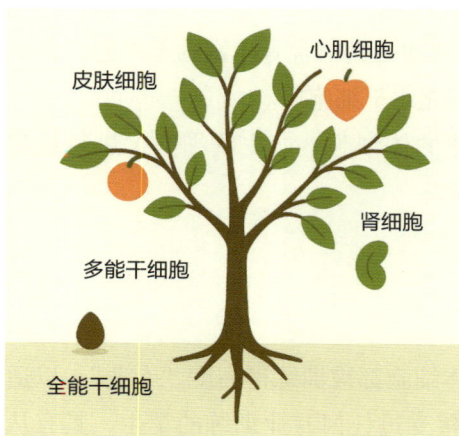

图1-13　干细胞的分类

末端的枝干是专能干细胞，如造血干细胞，只能分化为血液系统的红细胞、白细胞、血小板等，就如同末端枝干能生长出果实和树叶。

人体成熟的功能细胞，如皮肤细胞，心肌细胞、肾细胞等，就如同大树枝桠末端的叶子和果实，随着季节的变化不断凋零，需要干细胞不断分化补充和更新，以维持生命的运转。

15　干细胞有哪些特点？

干细胞的特点（图1-14）。

1. 自我更新能力　能够通过分裂维持自身细胞群的大小，产生与自身相同的子代细胞。

2. 多向分化潜能　在特定条件下，可以分化为不同类型的细胞，从而形成各种组织和器官。

3. 未分化状态　在形态和功能上尚未特化，没有特定的结构和功能特征。

4. 无限增殖能力　在适宜的环境中可以持续分裂和增殖。

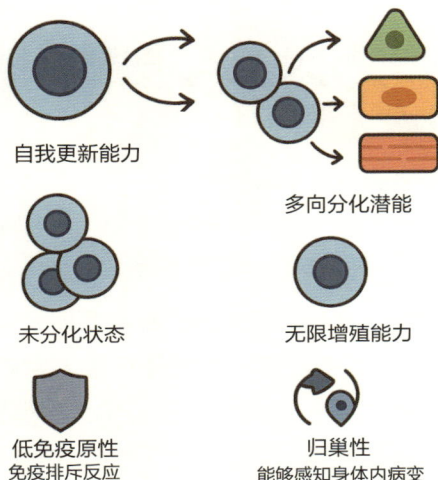

图1-14　干细胞的特点

5. 低免疫原性　免疫排斥反应相对较弱，有的甚至可以达到忽略不计的程度，这使它们在移植治疗中具有一定优势，大大降低了临床工作中的风险。

6. 归巢性　干细胞的归巢性指的是干细胞能够感知身体内受损或病变的组织和器官，并定向迁移到这些特定部位的特性。当机体出现损伤或疾病时，会释放出一些特定的信号分子，这些信号如同"召唤令"，引导干细胞通过血液循环等途径，向受损部位聚集。

干细胞的归巢性是其发挥治疗作用的关键机制之一。它能够精准地到达需要修复和再生的组织，参与细胞更新、组织修复和免疫调节等生理过程，从而有望为多种疾病的治疗带来新的希望，例如在一些心血管疾病中，干细胞可以归巢到受损的心肌组织，促进心肌细胞的再生和修复，改善心脏功能。

16　干细胞对人体有什么作用？

国外科学家们总结了干细胞的五大作用，简称为5R：Replace（替代或补充），Repair（修补或修复），Regenerate（组织及器官的再生），Restore（生命

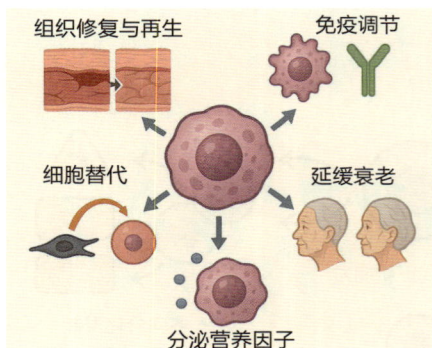

图1-15 干细胞的作用

功能的恢复或复原），Regress（癌细胞的退化）。理论上，如果5R可以正常运作，身体就可以不生病、不老化，甚至不死。

我国科学家总结干细胞的作用（图1-15）。

1. 组织修复与再生 干细胞能够分化为特定类型的细胞，补充受损或死亡的细胞，促进组织的修复和再生。例如，在骨骼损伤时，干细胞可以分化为骨细胞，帮助修复骨折；在心肌梗死时，有助于心肌细胞的再生。

2. 免疫调节 可以调节免疫系统的平衡，抑制过度的免疫反应，减轻炎症损伤。对于自身免疫性疾病，如类风湿关节炎、系统性红斑狼疮等，具有一定的治疗潜力。

3. 细胞替代 替换受损或功能障碍的细胞，如神经干细胞可以分化为神经元，有望用于治疗神经系统疾病，如帕金森病、阿尔茨海默病等。

4. 分泌营养因子 能够分泌多种生物活性因子，如生长因子、细胞因子等，这些因子可以促进细胞存活、增殖和血管生成，改善局部微环境，促进组织的修复和功能恢复。

5. 延缓衰老 通过补充体内干细胞的数量和活力，有助于维持组织和器官的正常功能，延缓衰老进程。

17 间充质干细胞属于哪一类细胞？

较广泛用于临床的间充质干细胞，通常用健康产妇的新生儿脐带定制，具有促进组织修复、免疫调节等功能。作为理想的种子细胞，常用于修复衰老或病变引起的组织器官损伤，在抗衰老、亚健康调理、急慢性病的治疗中具有重要的应用价值。

间充质干细胞是一种成体多能干细胞，在体内或体外特定的诱导条件下，可分化为脂肪、骨、软骨、肌肉、肌腱、韧带、神经、肝、心肌、内皮等多种组织细胞，现已应用于肝硬化、糖尿病、退行性疾病、神经损伤、老年痴呆及红斑狼疮等上百种疾病的治疗研究。

18 脐血干细胞属于哪一类细胞?

脐血干细胞是造血干细胞的一种,属于成体干细胞,具有自我更新能力,并能分化为各种血细胞前体细胞,最终生成各种血细胞成分,包括红细胞、白细胞和血小板等,在治疗血液系统疾病、免疫系统疾病等方面具有重要的应用价值(图1-16)。

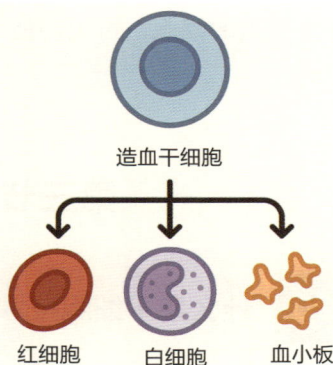

图1-16 脐血干细胞

19 人为什么会衰老?

既然干细胞这么厉害,那为什么我们还是会衰老和生病呢(图1-17)?

因为细胞在生命过程中会不断受到各种内外部因素的损伤,导致细胞功能下降和老化。干细胞的使命就是不断修复组织损伤,保障组织、器官和系统的正常功能。但随着年龄的增长,干细胞数量不断减少,尤其是患有肝病、神经损伤、脑萎缩等难治性疾病时,可造成肝细胞数量的大量消耗,修复能力随之减弱。

据专家测算,人在25岁左右,体内干细胞达到高峰,数量约有60亿个,随着年龄的增长,干细胞数量逐渐衰减,50岁左右不足30亿个。若干细胞数量低于20亿个时,就会严重失去组织损伤的修复能力,接近死亡的边缘。

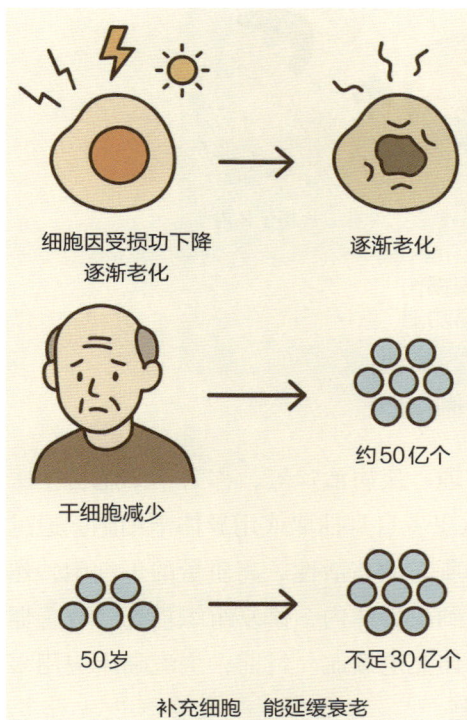

图1-17 人的衰老过程

因此，定期补充外源性干细胞，可以补充消耗的细胞，激活休眠的细胞，修复受损的细胞，再生功能细胞，如同为身体充电，是延缓衰老的真正有效方式。

第三节　神奇的干细胞技术

20　什么是干细胞技术？

干细胞技术就是围绕干细胞展开的一系列研究和应用技术，包括干细胞的分离、培养、诱导分化、移植（临床应用）等多个环节，每个环节都需要精细的操作和严格的质量控制，以确保其安全性和有效性（图1-18）。

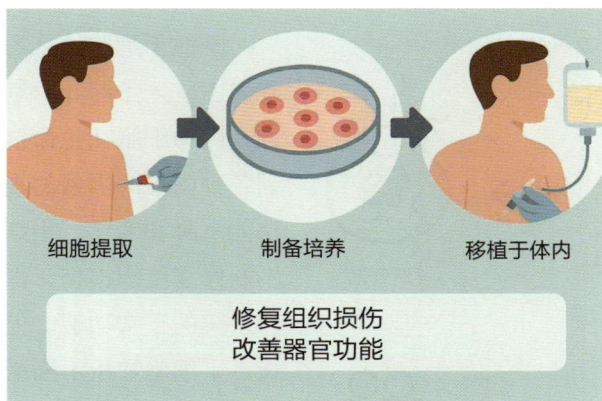

图1-18　干细胞技术

将干细胞技术用于抗衰、亚健康调理、疾病治疗等，称为干细胞再生医学技术，也称"干细胞疗法"，也就是从患者自身抽取或用异体干细胞，通过专业的生物技术制备，在体外培养人体所需的高活性、高质量的干细胞，然后通过局部注射、静脉输入等方式移植到患者体内，修复组织损伤，改善器官功能。如同人体的充电宝，再次为机体充电续航。目前，主流临床应用多为造血干细胞、间充质干细胞及免疫细胞。

21 干细胞技术的发展经历了哪些重要过程？

干细胞技术的发展大致经历了以下几个重要过程（图1-19）。

20世纪50年代至60年代：初步发现阶段。科学家们开始认识到干细胞的存在，并对其特性有了初步的了解。

20世纪70年代至80年代：造血干细胞的研究。这一时期，对于造血干细胞的研究取得了重要进展，为后续的干细胞治疗奠定了基础。

20世纪90年代：胚胎干细胞的分离和培养成功。这是干细胞研究领域的重大突破，使得对干细胞的研究更加深入和广泛。

20世纪50年代至60年代：
初步发现阶段

20世纪70年代至80年代：
造血干细胞的研究

20世纪90年代：
胚胎干细胞的分离和培养成功

21世纪初：
诱导多能干细胞（iPS）

图1-19 干细胞技术的发展过程

21世纪初，随着技术的不断进步，诱导多能干细胞（iPS）的出现成了一个重要的里程碑。通过特定的基因导入，将已分化的细胞重编程为类似胚胎干细胞的状态，拓展了干细胞的来源。

近年来，干细胞技术在疾病治疗、组织工程、药物研发等领域的应用不断拓展和深化。研究人员在提高干细胞的分化效率、优化移植方法、解决免疫排斥等方面持续努力，使干细胞技术逐渐向临床应用迈进。

在这个发展过程中，干细胞技术不断完善和创新，为医学和生物学领域带来了巨大的潜力和希望。

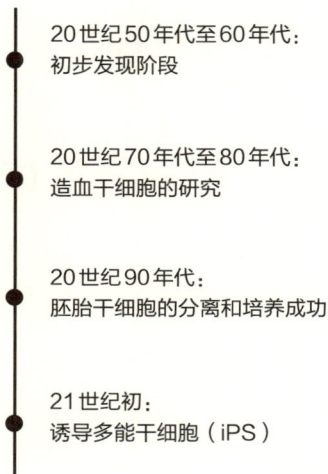

22 干细胞治疗有何特点？

干细胞治疗，是把源于自体或异体的细胞、通过生物工程方法制备的干细胞，采用血管输注或局部注射等方式，送到身体中有病变的组织，使干细胞替代或修复损伤组织，达到治疗疾病的目的；干细胞治疗的特点见图1-20。

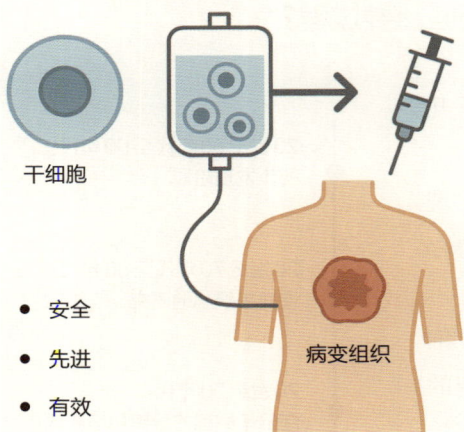

将干细胞送至病变组织，替代或修复损伤

干细胞

病变组织

- 安全
- 先进
- 有效

图1-20　干细胞治疗的特点

1. 安全　细胞治疗只是修复受损的组织器官，而没有杀伤作用，不会像抗生素或化疗药物那样"杀敌一千，自损八百"。细胞培养回输，百万以上案例无风险实效验证。

2. 先进　采用国际先进生物技术培养，可根据不同需求，通过生物工程方法制备，在体外按需定向培养。干细胞可以来自自体，也可以来自异体。

3. 有效　细胞治疗适用于所有细胞病变、损伤性疾病。细胞回输后，全面恢复年轻状态。

23　干细胞治疗的原理是什么？

简言之，补充消耗的细胞，激活休眠的细胞，修复受损的细胞，再生功能细胞等（图1-21）。

1. 修复受损伤的细胞、替代死亡的细胞　干细胞具有自动"归巢"的特性，在注入人体后，就像自带"GPS"一样，能够自行向目标组织迁移、聚集到受损、老化或病变的器官及相应部位，并分化为这些器官和部位的特异性细胞。干细胞注入人体后，在目标组织内的微环境作用下，会长出新的细胞与组织，修复受损组织。通过干细胞自身的分化功能来生长出新的组织细胞，弥补组织细胞的衰老、死亡、损伤，使得病变的组织与细胞恢复健康。并参与新生血管，形成改善损伤组织的微循环。

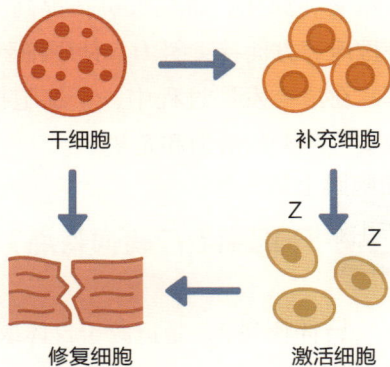

干细胞　　补充细胞

修复细胞　　激活细胞

图1-21　干细胞治疗的原理

2. 激活休眠和处于抑制状态的细胞　人体的生长发育是通过细胞分裂完成的，随着年龄的增加，部分细胞在分裂后，脱离了正常的细胞周期，呈现功能性休眠的状态。部分细胞会在内因（如精神压力、焦虑等心理作用）或外因（如药物、环境、细菌、病毒等）作用下，生长受到抑制。这些休眠和处于抑制状态的细胞不再进行分裂增殖，只进入老化代谢的过程，致使人体新生细胞数量减少，新陈代谢减缓，人体进入衰老。干细胞作为年幼的新生细胞，给脱离细胞周期的成年细胞带来了青春的信息。受到干细胞刺激的休眠细胞和抑制状态细胞活化起来，重新进入细胞周期，通过分裂增殖，增加体内新生细胞数量，使人体新陈代谢进程恢复正常甚至逆转。

3. 旁分泌作用抑制功能细胞凋亡、促进细胞增殖　干细胞注入目标组织后，可以通过分泌出各种蛋白质、酶与多种因子（如神经营养因子、抗凋亡因子等各种生长因子、细胞因子）以及调节肽和气体信号分子等多种生物活性因子，作用于周围细胞，发挥旁分泌作用，可以促进细胞增殖，抑制功能细胞的凋亡，使现有组织祖细胞分化成组织细胞修复受损组织与生长新的组织。

4. 免疫调控作用调节机体免疫力的平衡　人体免疫性疾病是由于自身免疫细胞产生"误判"，攻击自身的重要细胞、组织以及器官的结果。干细胞本身不引起免疫类细胞活化，但可抑制自然杀伤细胞的增殖，通过细胞间接触和可溶性因子的分泌发挥免疫抑制功能。干细胞具有明显的免疫抑制活性，通过多分子参与、多途径调控及其旁分泌作用，并与机体炎症的微环境相互作用，对机体免疫反应进行动态调控。从根本上消除疾病的发病基础，这些治疗方法在观念上完全不同于传统的治疗方法，主要强调通过修复调控人体免疫细胞来治疗各种疾病。

5. 促进细胞间信号传导的恢复　细胞的信号传导，是指信号分子通过与细胞膜上的受体蛋白集合并相互作用，从而引起受体构象变化并导致细胞内产生新的信号物质，激发出诸如离子通透性、细胞形状或其他细胞功能改变的应答过程。

信号传导是一个重要的基本生命现象。从最简单的单细胞生命体，到最高级的人类自身，各类细胞时时刻刻都与胞外环境或其他细胞发生着联系，进行着信息的传导与交流，以使生命体与体外环境以及生命体本身能够维持平衡。同时，信号传导还调控着许多生命过程，比如，细胞的增殖与细胞周期调控、细胞迁移、细胞形态与功能的分化与维持、免疫、应激、细胞恶变与细胞凋谢等等。几乎所有重要的生命过程，如呼吸作用、光合作用、氧化磷酸化、神经冲动、免疫调节等都与信号传导有着密切的关系。许多疾病的发生是信号传导失误的结果，无论是信号传导途径还是信号传导分子的异常都会造成疾患，如癫痫、神经退行性疾病、遗传性疾病、巨人症、肥胖症、糖尿病、癌症等。

24 干细胞治疗能解决什么问题？

干细胞治疗能解决延缓衰老、美容塑颜、亚健康调理、疾病治疗、癌症的预防和治疗等问题（图1-22）。

1. 延缓衰老 提升干细胞的数量，可增强干细胞的自我复制再生能力，加快干细胞的分化，代替衰老、损伤的细胞，同时更有效地刺激脑下垂体，促进激素与新陈代谢的循环，帮助亚健康人群改善睡眠质量，迅速提升机体活力，增强体质，消除疲劳乏力体虚等症状。

2. 美容塑颜 干细胞可以促进真皮细胞产生更多的胶原蛋白，对损伤的皮肤进行全面的修复，同时还可以分化为皮肤的细胞，及时替换老化细胞，因此促进气血循环，活化肌肤，使皮肤恢复弹性，减少皮肤皱纹和黑色素沉着，使机体恢复年轻状态。不论是通过注入方式还是定制成为相关美容产品，都是真正绿色无害的美容神器。

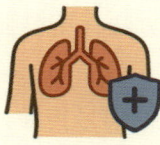

干细胞治疗能解决什么问题？

1. 延缓衰老
2. 美容塑颜
3. 亚健康调理
4. 疾病治疗
5. 癌症的预防和治疗

图1-22 干细胞治疗能解决的问题

3. 亚健康调理　亚健康是介于健康与不健康两者之间的特殊状态，主要特征有三个，一是疲劳综合征，二是睡眠障碍，三是器官和组织功能减退导致的相关临床表现，如记忆力下降、喝酒易醉、起夜增多、性欲下降等。亚健康现象的根本原因是细胞衰老，而干细胞可以从细胞这个层面修复组织损伤，有效改善亚健康带来的各种临床症状。

4. 疾病治疗　干细胞分化成免疫细胞，不但可以定向地加速受伤或受损的身体组织开启修复动作，还会激活自身体内组织的干细胞，同时促进免疫系统调节，加强自我防御能力，从而达到治疗疾病的目的。

5. 癌症的预防和治疗　干细胞可以清除体内病变细胞，同时分泌大量的细胞诱导因子，促进细胞新生、调节代谢水平，防止癌症的发生。在治疗上，通过自体或异体血培养回输的免疫细胞，可以极大的提升机体免疫力，重建遭到严重破坏的免疫系统，吞噬快速繁殖和扩散的癌细胞，最大限度地控制肿瘤组织的生长、复发和转移。

25　干细胞怎样补充到人体？

干细胞治疗疾病常用的有4种途径，根据不同病种和病情可以选择使用（图1-23）。

1. 动脉途径　通过动脉血管内介入技术，将干细胞从动脉直接送到损伤或病变的器官内。

2. 局部种植　通过经皮穿刺，把干细胞注入损伤或病变的部位。

3. 静脉途径　通过静脉输液，把干细胞输入血液，干细胞随血液循环到达损伤或病变的部位。

4. 腰穿途径　通过腰穿，把干细胞注入椎管内，干细胞随脑脊液循环到达损伤或病变的中枢神经。

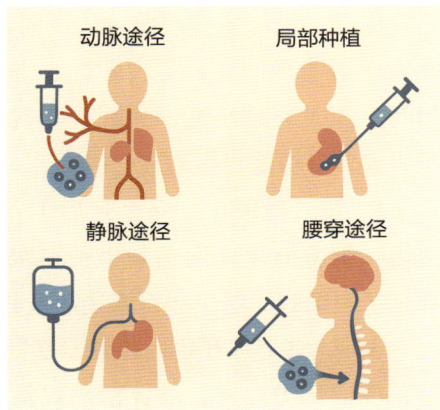

图1-23　干细胞补充到人体的途径

26 干细胞回输后的效果表现在哪些方面？

干细胞回输的疗效见图1-24。

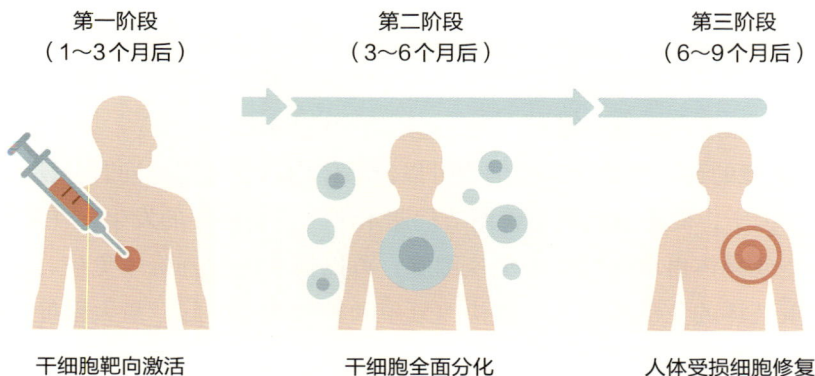

第一阶段 （1～3个月后）	第二阶段 （3～6个月后）	第三阶段 （6～9个月后）
干细胞靶向激活	干细胞全面分化	人体受损细胞修复

图1-24　干细胞回输的疗效

1．第一阶段（1～3个月后） 干细胞经血液循环进入体内细胞组织。迅速补充细胞新陈代谢所需营养，排除老化细胞及过氧化物等代谢垃圾，靶向激活体内休眠细胞。

表现为治疗后1～2周：面部红润，有光泽；表皮干纹消失。精力体力开始有提升；睡眠质量改善，入睡时间明显缩短。3～4周：体力明显好转，抗疲劳作用明显；皮肤更富弹性、细小皱纹明显减少。个别出现短暂的烦躁、夜间出汗、有时心慌，睡眠差等自律神经调节的好转反应；以及皮肤瘙痒，像蚂蚁爬身样的再生表现。

2．第二阶段（3～6个月后） 干细胞在体内全面分化，休眠细胞被大量激活，细胞分化速度达到生长期水平，全面修复受损、老化及病变的细胞，补充新鲜细胞使组织器官恢复至最具活力状态。

表现为3个月开始，各脏器修复表现，伤口愈合加快；色斑淡化明显；神经系统记忆力改善，肢体活动灵活性增加；重建头发色泽，促进头发生长，部分白发变黑发；视力改善；心功能和耐力增强；性功能改善，拥有更强的性能力。

3. 第三阶段（6～9个月后） 干细胞在体内充分发挥功效

人体受损细胞靶向修复、再生良好。体内新分化的功能细胞活力旺盛，人体恢复年轻健康态。同时能调整疾病风险基因的内环境，使风险基因处于相对静止状态，预防疾病的发生，表现为某些和老化相关的疾病症状明显改善，甚至消失；重建肌肉，清除脂肪，重塑体型；胆固醇与三磷酸甘油酯降低，血压正常化；整体性的年轻化外观。

27　干细胞多久回输见效？持续时间多久？

首先，每个人的应用情况是不同的，有些是亚健康（症状不一样）、有些是疾病（病种不一样），其中又涉及性别、年龄、地域、遗传、单种病和多种病、疾病进展状况等的因素，造成个体之间的差异千差万别。

其次，输注方式是不同的，动脉、静脉、局部注射以及是否联合其他疗法等。

再次，生活方式和作息习惯也会对进入体内细胞的生存率和活性产生影响。

最后，使用的细胞类型、细胞数量、间隔周期等因素也会导致最终结果不同。

总言之，每一个我们可能想到的点，最终都会影响到细胞所能起到的效果以及持续性的问题。

目前比较普遍的规律是，几分钟到3天会有比较明显的注射反应，之后的两周内细胞会发生迁移产生生物反应，未来6～12周会逐渐产生疗效反应，持续时间一年到几年不等（图1-25）。

1. 注射反应 有三个层面的意思，一是只要有外源性物质的输入都会引起我们相应的反应，二是极低概率的敏感体质的人对细胞产生的反应，三是细胞本身产生的分泌

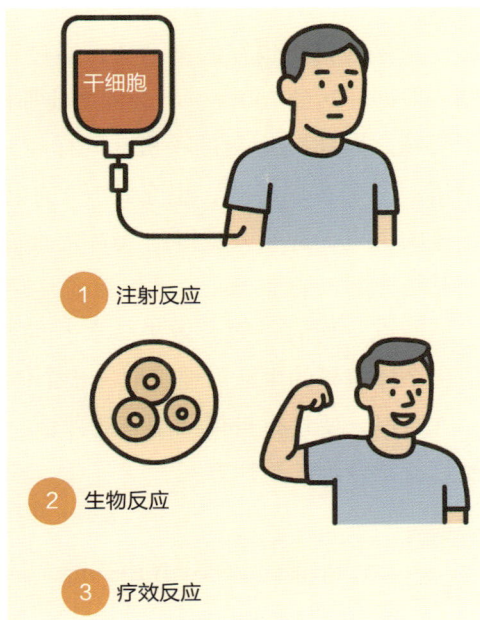

图1-25　干细胞注射后的时间效果

物作用于人体产生的反应。

2. 生物反应 是指细胞在各个器官迁移，在不同的微环境中释放出不同细胞因子或者分化为相应类型的功能细胞，相应产生的微环境的变化给身体带来的感觉。

3. 疗效反应 是指细胞已经适应体内环境并在功能层面开始运作，对我们的身体进行修复或者抑制某些不好的反应，我们在主观感受和生理指标上能够实实在在得到的反馈。

效果能持续多久，每个人的体内环境不一样，生活作息规律不一样，造成的结果也完全不一样。

现实中不乏这样的例子，应用细胞就是为了天天喝酒，天天熬夜，天天放纵，这样是不可取的，就如同伤口还没有结痂脱落，我们动不动就去抓伤口，造成经久不愈，细胞绝对不是神丹妙药，更不是急救药，也因此郑重的劝诫所有人用了细胞治疗还需要好好遵医嘱，作息规律，起码也要等本钱足够了再去挥霍，否则只能等着吃后悔药。

再说一下效果持久和多久需要再补充的问题：我们的健康值就如同电池的电量一样，从100到0，现在可能大多数的人处于75甚至是50。我们的电量即使只是在待机也在慢慢消耗，通过补充细胞或者其他方法都可以提高健康度。但即使达到100，也不会像之前那样经用，因为电池老化容量本身已经出了问题。同样75电量的手机，同样在充电，一个什么也不玩，一个只是在聊微信，一个在玩游戏，想充到100的电量，需要的时间是不一样的。同样50电量的手机，有些人觉得到30才需要充电，有些人觉得维持50也挺好，有些人觉得充到80才能放心。

所以，何时见效？效果多久？何时补充？取决于个体差异的健康状况，取决个体差异的生活习惯，取决于个体差异的健康理念。

所以，要进行自体细胞衰老评估，然后根据自身的身体及细胞衰老情况，制订科学合理的治疗方案。

28 干细胞到了体内能存活多久？

干细胞能治疗多种疾病，尤其是一些疑难杂症，但是疗效各有差异，还有一些是没有疗效的案例，我们不得不多方面研究，到底是什么因素影响了细胞的疗效？

传统化学药物也能治好很多的病，我们先来对比一下两者的区别：①化学药物是结构稳定的无生命物质，干细胞是有生命的功能单位；②化学药物有明确的半衰期，干细胞暂时没有发现；③化学药物有明确的作用靶点，干细胞通过多途径实现功能；④化学药物都是被动吸收，干细胞通过趋化性主动迁移；⑤化学药物均一性稳定，干细胞的细胞周期并不同步。

化学药物和干细胞一样的地方在于，两者都没有在体内长期滞留，而是随着时间的延长逐渐被机体清除。

动物试验显示，越是免疫系统健全的个体，免疫清除能力越强，干细胞在体内存活的时间就越短，而免疫缺陷的机体，清除干细胞的能力就越慢。干细胞在体内被清除的速度还和输注的途径有一定的关系，静脉、动脉、局部定向输注、不同类型的干细胞等因素都会影响到干细胞输注到体内后的存活时间（图1-26）。

虽说有过很多研究干细胞通过不同途径在不同动物机体内的分布和代谢，在不同的实验室也会得出不一样的结论，但是我们还是能通过数据的汇总得出一些结论：①干细胞在不同机体内存活的时间从几天到几个月不等；②静脉、动脉和局部注射（脑部、肌肉、心脏、肝脏、腰椎等）存活时间有差异；③自体和异体的干细胞回输存活时间差异不大；④静脉回输的干细胞可以突破血脑屏障，在体内的迁移

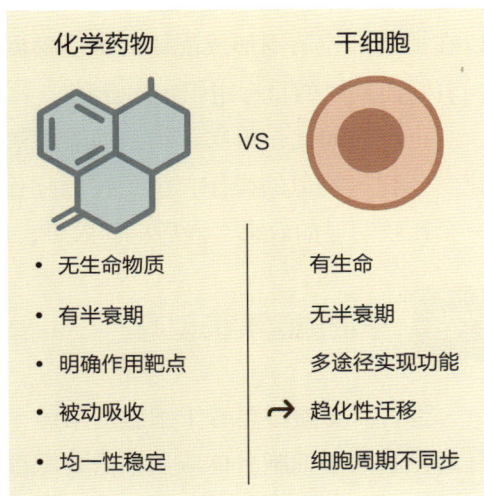

图1-26　干细胞在体内的存活时间

偏好于血管的走向；⑤清髓后干细胞的存活时间略有延长，血管舒张剂对细胞的迁移和存活都有促进作用；⑥静脉回输的干细胞刚开始大部分被肺部截留，截留的细胞仍然可以通过因子的分泌减轻炎症和修复组织，随着时间推迟肺部滞留的细胞向其他器官转移；⑦干细胞的归巢带有一定的随机性，在

不同机体的分布有差异。

从目前的研究结果来看，不管是局部注射还是全身性注射，不管是自体干细胞还是异体干细胞，机体均会逐渐清除干细胞，清除速度与诸多因素有关，包括机体免疫系统、输入途径、细胞来源的组织、细胞供体的年龄、细胞体外培养时间的长短等。

同时也因为干细胞趋化性的特点，健康机体和损伤机体的分布也不太一样，如果机体有多处损伤的话，干细胞到达某一损伤部位的数量也会不一样，尤其是有些隐形的疾病或损伤是我们所不能预见的，可能我们需要针对解决的部位成了漏网之鱼，因为干细胞并不能分辨某种损伤的严重程度，无法进行先急后缓的修复策略。

干细胞归巢，是指自体或外源性的干细胞在多种因素的影响下，从血管内皮细胞定向性迁移至靶向组织并定植存活的过程。其中向缺血或损伤组织归巢是间充质干细胞重要特征。当机体组织器官缺血缺氧或者发生损伤后，通过释放炎性因子和趋化因子等多种成分入血，活化间充质干细胞，同时可以在损伤部位周围形成配体的浓度梯度，从而趋化间充质干细胞沿浓度梯度向着缺血缺氧的目标组织定向迁移。

正因为如此，单次干细胞回输的效果不明显或者不能持久，需要我们跟化学药物有类似的操作，就是按照疗程，多久一次，一次多少量，首先起到一个比较明显的效果，然后巩固效果，最终达到从量变到质变的目的。

29 干细胞需要配型吗？

是否需要配型要看干细胞的来源：外周血、脂肪、经血等自体组织提取分离得到的干细胞自体应用不需要配型；脐带、胎盘、脐血中的干细胞因其年轻、原始，免疫原性低，所以也不需要配型；而来自他人捐献的干细胞则需要配型成功后才能移植。

30 干细胞从哪里获取？

虽说人体都由细胞组成，但遗憾的是，并不是你随便剪个指甲就能提取出想要的免疫细胞或干细胞。

干细胞可以从多种人体组织中提取。以目前临床应用最广泛的间充质干细胞为例，最初是从骨髓中提取的，后来在胎盘、脐带、脂肪、牙髓、宫内膜、外周血等多种人体组织中都能提取到。2004年科学家发现，间充质干细胞最丰富最优质的天然来源是通常被丢弃的胎盘。脐带、脐血、胎盘中的干细胞因其更年轻、原始、更大的分化潜能和多能性，其数量、种类也远远高于骨髓，因此具有更大的应用价值。新生儿附属物为医疗废弃物，来源绿色环保，采集方便，对新生儿和产妇均无损伤。

目前，免疫细胞的来源主要是血液，包括成人的外周血和婴儿的脐带血。血液中含有大量功能成熟的免疫细胞，在我们的身体内不停循环，时刻保护我们的健康。

理论上所有干细胞都可以用于临床治疗，但必须满足数量和质量的高品质要求，才能保障治疗效果。胚胎干细胞大量存在于早期胚胎（发育2周内），但获取胚胎干细胞非常困难，也存在伦理和法律的问题，目前只用于科学研究。间充质干细胞来源广泛，可以从骨髓、脐带等获得（图1-27），取材相对容易，目前已在临床上广泛应用。

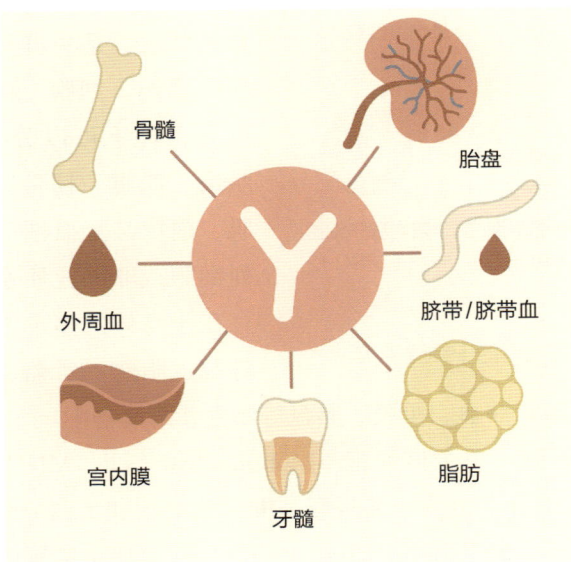

图1-27　干细胞的获取途径

从自体骨髓提取间充质干细胞，需要抽取大量骨髓，成人骨髓间充质干细胞的细胞数量及增殖分化潜能随年龄的增大而下降，难以稳定满足治疗所需要的高品质的要求。因此骨髓间充质干细胞有一定的局限。

脐带间充质干细胞具有胚胎干细胞类似的增殖能力和多向分化潜能，来源丰富、取材方便、无伦理障碍，可获取的细胞数量多、细胞活力强，容易扩增和传代，同时又没有配型、排斥等问题，是理想的干细胞来源。因此，脐带间充质干细胞逐渐成为干细胞治疗的主角。但脐带间充质干细胞的提取和扩增有较高的技术要求，需要专业的细胞实验室和技术人员。目前除中国外，只有加拿大、英国、美国等少数国家掌握这一技术。

31 目前常用的干细胞种类有哪些？

目前常用的干细胞有间充质干细胞（MSC）、单个核细胞（MNC）、神经干细胞（NSC）、脂肪干细胞（ADSC）、宫内膜干细胞（EMSC）等（图1-28）。

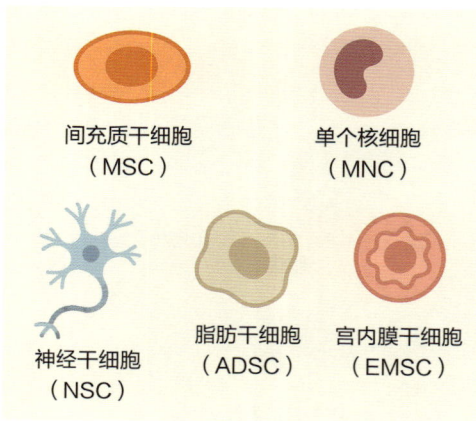

图1-28　目前常用的干细胞种类

1. 间充质干细胞　间充质干细胞（Mesenchymal Stem Cell，简称MSC）源于胚胎发育早期的中胚层和外胚层，是一群具有多向分化潜能的多能干细胞，在体内外特定的诱导条件下可以分化成骨、软骨、肌肉、肌腱、韧带、神经、肝、心肌、内皮甚至血液等多种间充质系列细胞或非间充质系列细胞。MSC存在于身体的多个组织器官中，如骨髓、脂肪、骨骼、肌肉、肝、胰腺等组织以及脐带、脐血、羊膜、胎盘等新生儿附属物中。

2. 单个核细胞　单个核细胞（Mononuclear Cell，MNC）是从骨髓/外周血/脐血/胎盘中分离出的一类具有高度自我更新和定向分化特征的原始细胞，是一种主要包含淋巴细胞、造血干细胞、间充质干细胞的混合细胞。

3. 神经干细胞　神经干细胞（Neural stem cell，NSC）是具有分化为神经元、星形胶质细胞和少突胶质细胞的能力，能自我更新，并足以提供大量脑组织细胞的细胞群。

4. 脂肪干细胞 脂肪干细胞（Adipose-derived stem cell，ADSC）是从脂肪组织中分离得到的一种具有多向分化潜能的间充质干细胞。研究发现脂肪干细胞能够在体外稳定增殖且衰亡率低，同时具有取材容易、增殖能力强、适宜大规模培养、对机体损伤小、来源广泛、体内储量大、适宜自体移植等优点，逐渐成为近年来新的研究热点之一。

5. 宫内膜干细胞 宫内膜干细胞（Endometrium Stem Cell，EMSC）是多能干细胞，具有增殖能力强、不导致染色体变异、不导致肿瘤发生等特征，宫内膜干细胞相对于其他干细胞，有较明显的特点：此类干细胞数量多，它是骨髓干细胞的30倍，因而经血将有可能成为全球最大的干细胞来源；体外增殖能力强：24小时扩增一倍，可增殖390次，传代高达50次；分化潜能性大：能表达Oct-4、SSEA-4和CD 117等干细胞标志物，与胚胎干细胞和骨髓干细胞相近，表明在再生医学上的巨大潜能；免疫原性低，是一类免疫缺陷细胞，不须经过严格配对使用，异体移植无免疫排斥反应或反应较弱；采集方法简单：给女性提供一种简单、无痛、没有压力的方法掌握自己未来的健康，并能让包括亲属在内的他人的健康多一份保障。

32 如何保证干细胞的质量？

干细胞均严格筛选自身体健康、无家族遗传病史、常规检测均正常的孕妇分娩后的脐带和脐血（图1-29）。

实验室达到国际GMP标准，全过程按照标准操作程序（SOP）并有完整的质量管理记录。细胞培养成分和添加物（培养液、细胞因子、血清等）以及制备过程所用的耗材，其来源和质量认证，符合临床使用的质量要求。细胞制品外源因子的检测包括：细菌、真菌、支原体、内毒素和动物源性蛋白等，严格保障每一份出库的干细胞均达到最高质量标准。

最重要的是，国家有细胞标准化检测实验室，细胞需要获得检测认可证书！

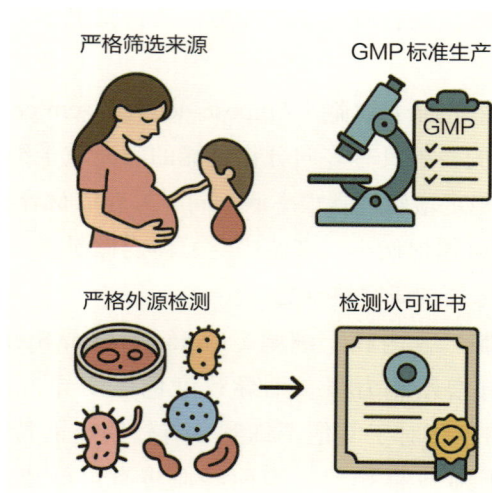

图 1-29　干细胞质量的保证

33　干细胞和免疫细胞是如何存储与运输的？

必须严格按照相关的法律法规及管理条例的要求，使用专门的储存箱全程冷链保存和运输干细胞；同时保证干细胞不经过 X 线照射，并远离辐射源（图 1-30）。

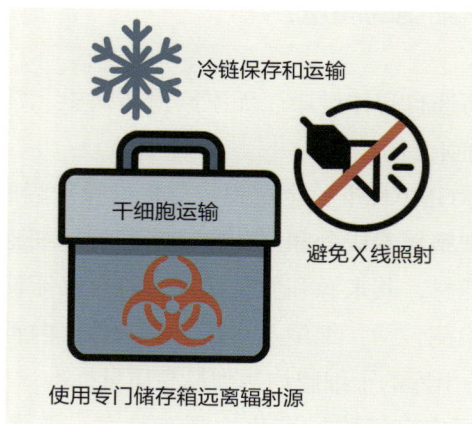

图 1-30　干细胞和免疫细胞的存储与运输

第四节　安全可靠的干细胞技术

34　干细胞技术安全吗？

目前干细胞研究已完成了一系列安全性试验（图1-31），包括毒性试验、遗传学试验、局部刺激试验、发热试验和免疫毒性试验等。研究结果表明，干细胞是安全、无毒的。大量的临床病例也表明，干细胞治疗过程中除了极少数患者有短时的轻微的发热、头痛外，没有发现有严重的副作用或不良反应。在美国，干细胞治疗的有效性和安全性已经得到证实，因此食品药物管理局（FDA）已批准多项干细胞治疗。我国对干细胞治疗也有细胞标准化检测的评定机构，而且评定标准是符合国际标准的，评定结果是国际评定机构互认的。

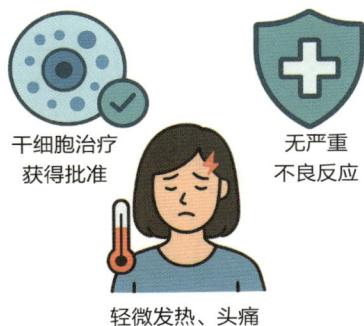

干细胞治疗获得批准　无严重不良反应

轻微发热、头痛

图1-31　干细胞技术的安全性

35　间充质干细胞注入体内会不会发生排斥反应？

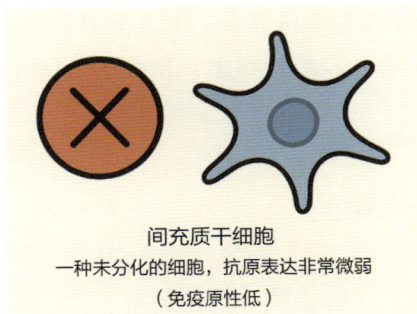

间充质干细胞
一种未分化的细胞，抗原表达非常微弱
（免疫原性低）

图1-32　间充质干细胞无排斥反应

源于脐带或骨髓的间充质干细胞是一种未分化的细胞，细胞处于原始状态，不易被识别，其表面的抗原表达非常微弱，即免疫原性低，患者的免疫系统不会像器官移植或者造血干细胞移植那样引起免疫排斥反应等。因此，间充质干细胞治疗无须配型，也不会发生排斥反应且无任何毒副作用（图1-32）。

36　如何保障干细胞治疗的效果?

干细胞的治疗效果,主要与五个因素密切相关(图1-33)。

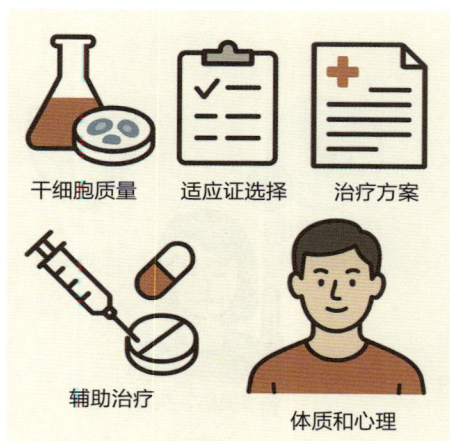

图1-33　干细胞治疗效果的保障

1. 干细胞品质控制　首先制备干细胞的生物实验室必须符合标准。其次,必须掌握干细胞分离、纯化、扩增等技术。最后,干细胞的数量、质量必须得到严格的检测。

2. 适应证的选择　虽然干细胞有治疗多种疾病的潜力,但它不是包医百病的"灵丹妙药"。因此,必须对病例严格评估和筛选。不能随意扩大治疗范围,夸大疗效。

3. 治疗方案和经验　干细胞治疗是前沿学科,科研和和临床不断总结,使治疗方案逐渐趋于完善。研究机构和临床学科的联合,是提高疗效和保障安全的优势所在。

4. 辅助治疗　干细胞治疗是修复损伤和病变细胞的第一步,但功能的恢复需要一个过程,不同的病种、病情,功能恢复时间不完全一样,治疗后辅助性措施配合治疗,比如神经功能的康复训练等是必要的。

5. 患者自身的体质、心理素质　治疗前医生要和患者、家属充分沟通,使患者正确看待病情,了解治疗机理,树立信心,消除顾虑,积极配合医生的治疗。

37　决定干细胞疗效达到最佳的因素有哪些?

如何使干细胞疗效达到最佳?细胞质量、注射途经、最佳剂量、治疗时机等因素影响着干细胞的疗效(图1-34)。

1. 细胞质量　细胞质量指单位细胞或单个细胞所对应的生物学效力;效

力越高，细胞质量越好。有一些参数
可以反映间充质干细胞的质量，比如
细胞活率、供体特性、克隆形成能力、
细胞大小、免疫抑制能力和细胞因子
分泌量。

2. 供体特性　供体特性包括"供
体年龄"和"供体的身体状况"。供体
年龄是一个很重要因素，因为来自年
轻供体的干细胞似乎具有更大的活力、
增殖潜力和抗氧化能力，而年龄较大
的成年来源的干细胞具有较低的增殖
能力。供体的身体状况也很重要，有
不少研究证明疾病也会影响自体间充

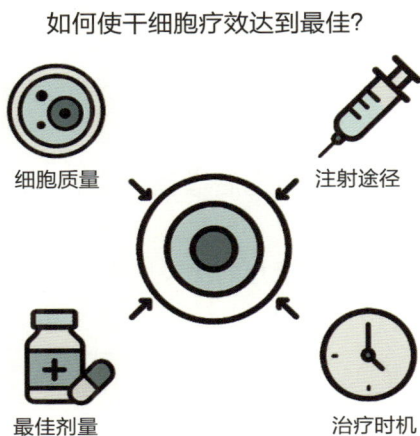

如何使干细胞疗效达到最佳？

细胞质量　　　　　注射途径

最佳剂量　　　　　治疗时机

图1-34　影响干细胞疗效的因素

质干细胞的功能，尤其是一些自身免疫性疾病患者，其自身骨髓的干细胞出
现功能异常，包括增殖速度减慢、克隆形成能力降低、免疫抑制能力下降、
分泌生长因子的数量减少等等病理变化，使得患者自身骨髓干细胞不适合用
于自己疾病的治疗。

因此，无论是细胞活力、增殖能力以及抗氧化能力，还是细胞的功能，
来自新生儿脐带组织的间充质干细胞都完胜其他来源。

3. 注射途经　主要有静脉输注、局部介入注射、用于神经系统疾病的脊
髓鞘内注射、用于呼吸系统疾病的气管内注射、对早产伴支气管肺发育不良
患儿的气管内注射。

4. 最佳剂量　干细胞的最佳剂量取决于不同的疾病和严重程度以及输入
途径。一般来说，使用干细胞的量需要因人而异，取决于其年龄、体质、有
无基础性疾病和疾病严重程度等因素。干细胞的单次注射通常用于抗衰，而
亚健康调理则需适当加量，治疗疾病则应按照疗程决定干细胞用量，有的疾
病需要间断使用，有的需要连续叠加到冲击量。一般来说，抗衰老和亚健康
调理静脉输入的细胞量相对较小，通常在2.5亿个以内，治疗一般的慢性病一
般也不超过10亿个，但比较顽固的难治性疾病则需分别按照疗程决定用量，
如肝硬化、肾功能不全、红斑狼疮、帕金森病、糖尿病的根治、脑梗死和脑

出血及并发症等等，总量常需达到几个亿甚至更多。

5. 治疗时机 如疾病预防、疾病发作时、疾病急性期、疾病稳定期、疾病慢性期等，需要辩证的合理的掌握。

38 干细胞治疗有什么优势？

干细胞治疗的优势见图1-35。

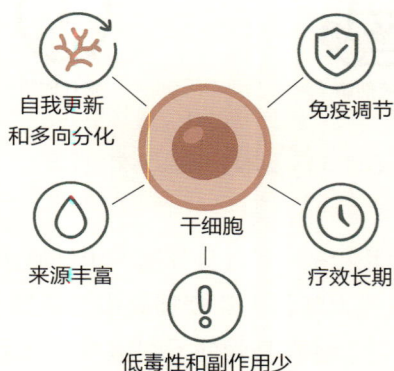

图1-35　干细胞治疗优势

1. 可利用其自我更新和多向分化能力特征，对不同的疾病和损伤进行修复 干细胞具有强大的自我更新能力，可以不断地分裂和增殖，为组织修复和再生提供源源不断的细胞来源。同时，干细胞可以分化为多种不同类型的细胞，如神经细胞、心肌细胞、肝细胞等，能够针对不同的疾病和损伤进行特异性的修复。

2. 可利用其免疫调节作用治疗自身免疫性疾病 干细胞可以调节免疫系统，抑制免疫反应过度激活，减少炎症损伤。对于一些自身免疫性疾病，如类风湿关节炎、系统性红斑狼疮等，干细胞治疗可以通过调节免疫平衡，缓解症状，改善患者的生活质量。

3. 来源丰富 干细胞可以从多种组织中获取，如骨髓、脐带、胎盘、脂肪等。其中，脐带和胎盘来源的干细胞具有获取方便、无伦理争议、免疫原性低等优点，为干细胞治疗提供了丰富的细胞来源。

4. 低毒性和副作用少 与传统的药物治疗相比，干细胞治疗的毒性和副作用相对较少。干细胞是人体自身的细胞，具有良好的生物相容性，不会引起明显的免疫排斥反应。在正确的操作和使用下，干细胞治疗的安全性较高。

5. 长期疗效 干细胞治疗可以促进组织再生和修复，其疗效往往具有长期性。一些患者在接受干细胞治疗后，症状得到明显改善，并且这种改善可以持续很长时间，甚至可能是永久性的。

由此可见，干细胞治疗疾病是利用人体的干细胞以修复病损细胞为目的，达到标本兼治的目的，这完全不同于传统的药物治疗等，一部分传统治疗无法获得效果的不治之症，干细胞治疗却表现出令人鼓舞的效果。因此，干细胞治疗是全新的治疗方法，给疑难病患者带来新希望。

39 我国的干细胞技术现状如何？

目前，世界上有5个国家在干细胞技术领域居于第一方队，分别是：美国、日本、中国、德国和法国。中国处于先进行列之中。现在，中国干细胞的基础和临床研究已经有了非常强的实力。

干细胞治疗技术给一些疑难疾病的治疗带来了希望。加快干细胞基础和临床研究，在关键技术环节上取得突破并实现临床转化，对促进人民健康，推动我国医药卫生事业发展具有重要意义。近几年来，我国从中央到地方都在积极支持干细胞和再生医学发展，政策扶持力度前所未有，在产业经济发展的同时，人民的健康水平有了进一步提高，更多的患者享受到了干细胞技术带来的好处。

中国干细胞治疗在技术领域未来的发展前景非常可观（图1-36）。

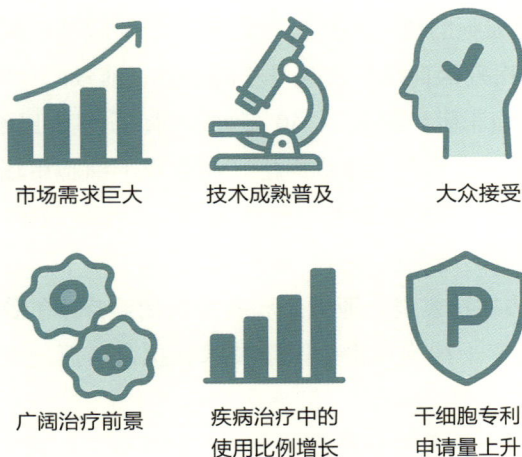

市场需求巨大　　技术成熟普及　　大众接受

广阔治疗前景　　疾病治疗中的　　干细胞专利
　　　　　　　　使用比例增长　　申请量上升

图1-36　我国的干细胞技术的治疗前景

1. 市场需求巨大　近年来，细胞治疗已成为最前沿的肿瘤治疗手段，受到全球医疗市场的关注。我国也从监管政策着手为细胞治疗产业化探明方向。同时"干细胞临床研究有限放开"及"细胞制品按药品管理"的规定，预示着干细胞中下游产业开始加速。

2. 干细胞技术日益成熟普及 相比国外成熟的干细胞产业链，我国干细胞行业仍处于起步发展阶段，仅干细胞上游制备和存储产业较为成熟。

目前我国干细胞产业主要集中干细胞存储业务。随着干细胞基础研究的发展和技术的不断进步，在政策规范、人才培养、投资机制等各种要素的支持下，干细胞产业将迎来快速发展期，且发展重心将从存储业务转移至干细胞产品研发和临床应用领域。

3. 对干细胞治疗的接受程度逐步提高 近年来，随着干细胞治疗技术的不断发展，患者对干细胞治疗的接受程度也在逐步提高。基于干细胞的疗法被认为给严重慢性疾病（如结肠炎、糖尿病、关节炎、肝硬化、肾脏病、心脏病、慢性阻塞性肺疾病等）带来了新希望。随着研究的开展，干细胞所能治疗的疾病范围正在逐步被揭开，同时，它所能治疗的疾病目录也在不断的增加。

4. 干细胞疗法蕴含广阔的医疗前景 2012年，首个干细胞治疗药物于加拿大获批上市，代表着干细胞在临床的应用进入了一个新阶段。随着生命科学的蓬勃发展，干细胞的研究热情持续高涨，干细胞被应用于多种疾病的临床治疗中，干细胞医疗因此呈现加速增长的态势，前景一片大好。

干细胞疗法的临床研究覆盖了140多种疾病，全世界已经保存了200多万份干细胞，并进行了数万例干细胞移植。在全球干细胞市场中，细胞治疗占据半壁江山，并有进一步扩大趋势。整体来看，干细胞技术的应用前景广阔，同时干细胞治疗所占的比例也将进一步扩大。

5. 干细胞疗法在抗衰老、亚健康和各种疾病治疗中的比例越来越高 据不完全统计，近两年干细胞和再生医学技术在抗衰、亚健康调理、各种类型的疾病治疗中所占比例越来越高，已高达20%以上。

6. 干细胞专利申请量前10的国家 干细胞不仅可以用于组织器官的修复和移植治疗，还将对促进基因治疗、新基因发觉与基因功能分析、新药开发与药效毒性评估等领域产生极其重要的影响，具有不可估量的医学价值及市场前景，已经成为各国政府、科技和企业界高度关注的战略竞争领域。

对各国申请干细胞专利的数量进行分析可以看到，美国在该领域申请的专利数量位居首位，专利申请量达到 14 530 件，远超其他国家，占全球专利总量的 44.84%，美国非常重视干细胞领域的技术研发，美国国立健康研究院每年为干细胞研究投入的经费均超过 10 亿美元，同时，以加州再生医学研究所为代表的地方支持力量以及美国大型医药公司的参与共同推进了美国干细胞领域研发实力的提升。

中国在该领域申请的干细胞专利数量为 4535 件，位居全球第二位，占全球专利总量的 7.93%，我国也历来重视干细胞领域的研发工作，"十二五"期间设立了"干细胞研究"国家重大科学研究计划，"十三五"期间，国家重点研发计划则设立了"干细胞及转化研究"重点专项，进一步推进了干细胞的临床转化及干细胞疗法相关技术的研发。

7. 我国干细胞发展的现状及其前景展望　2004 年，国家发改委批准组建了人类干细胞国际工程研究中心。2017 年 12 月 18 日，国家食药监总局发布了《细胞治疗产品研究与评价技术指导原则（试行）》。

2019 年 1 月 25 日，国家科技部官网正式发布了"干细胞及转化研究"重点专项 2019 年度申报指南（以下简称指南），明确了国家未来对干细胞及转化研究的支持。指南中明确："2016—2018 年已经围绕重点任务共立项支持98 个项目。指南中还明确提出：2019 年，我国将针对神经、呼吸和消化系统等方面的某一种重大疾病或损伤，利用临床级干细胞产品进行细胞治疗的临床研究。同时，干细胞工程获得治疗性产品及临床应用。

近年来，我国高度重视干细胞治疗技术的发展，干细胞科技已经被列为我国战略性、前瞻性重大科学问题，并将干细胞纳入我国《"十三五"国家战略性新兴产业发展规划》以及《"健康中国 2030"规划纲要》中。

2020 年 2 月，中国工程院院士、传染病学专家李兰娟接受央视《新闻直播间》的专访。采访提到"干细胞疗法治疗新型冠状病毒肺炎在浙江应用后非常有效，这次对新型冠状病毒肺炎危重患者的抢救时，对部分人员也将配合应用干细胞，2013 年 H_7N_9 高发时期，我们就曾经采用干细胞疗法加入流感患者的治疗中，并取得了良好的效果"。

2020 年 10 月，中国干细胞第十届年会在贵州省贵阳市召开，中国科学院院士裴钢出席年会并进行分享。他认为，干细胞领域是一个前沿开放的领域，在基础研究和临床应用中具有后发优势，他肯定了干细胞在治疗新冠病毒感染中发挥的重要作用，同时也指出，干细胞事业是一项伟大的事业，中国干细胞研究全世界都为之瞩目。

2021年4月，厦门细胞（生物）治疗临床研究研讨会在厦门举行，中国工程院院士钟南山到场致辞，并作了题为《细胞治疗的展望》的学习报告，指出国务院《"十三五"国家战略性新兴产业发展规划》中将干细胞与再生医学、肿瘤免疫细胞治疗、CAR-T细胞治疗等新型诊疗服务列为发展的重点任务。可以预见，在未来的医疗科技发展中，细胞治疗领域必定会成为新的高速赛道。

2021年9月，第十九届中国西部海外高新科技人才洽谈会在成都举行，中国科学院院士苏国辉出席会议，他在会上表示，干细胞治疗已经受到国家高度重视，我国对干细胞方面的政策也非常好，可以说我国干细胞行业正在良好发展中，很多目前药物治疗不理想的疾病，希望干细胞能有更好的治疗效果。

2021年11月，中国疾病细胞/生物治疗大会以线上会议的形式举办，中国科学院院士王福生介绍了免疫细胞和干细胞在肝炎和新冠病毒感染中的疗效，他指出，细胞作为一种药物，是近十年的发展成果，这项新技术具有引领性、突破性、颠覆性，临床治疗更及时、更准确、更智能，使重大疾病的治疗用来更多、更好的选择。

2021年12月，中国干细胞第十一届年会在广州举办，中国科学院院士季维智明确指出：中国在干细胞领域的研究，毋庸置疑位于世界第一梯队。

2021年12月26日，山东省医药生物技术高峰论坛在淄博举办，中国工程院院士田志刚做线上报告，他明确表示：未来5～10年，免疫治疗有望成为癌症的一线治疗方式，放化疗将成为免疫治疗的辅助手段。

2022年5月8日《人民日报》08版刊载中国科学院院士、清华大学教授、细胞生物学家陈晔光教授文章《干细胞研究与应用——为人类生命健康提供保障》。

陈晔光教授在文章中提到：随着生命科学研究不断发展，人类对干细胞的了解逐渐深入，干细胞相关科研成果在疾病治疗、再生医学等方面发挥越来越重要的作用。应用干细胞技术，不仅可以治疗白血病、免疫系统疾病等过去难以医治的疾病，还可以延展出类器官技术，以加速新药开发、助力精准医疗，甚至有望推动再生医学实现飞跃，如治疗阿尔茨海默病、修复衰老器官等。可以说，干细胞研究与应用持续为人民群众的生命健康提供保障。

40 我国商务部、国家药品监督管理局、国家卫生健康委员会关于加快干细胞产业发展和开放的文件有何重要意义？

2024 年 9 月 7 日，商务部、国家药品监督管理局、国家卫生健康委员会三部门联合发布的《关于在医疗领域开展扩大开放试点工作的通知》具有多方面的重要意义。

1. 对医疗行业发展的意义

（1）推动医疗技术进步：允许外商投资企业在指定区域从事人体干细胞、基因诊断与治疗技术的开发和应用，能够引入国外先进的技术、理念和经验，促进国内相关医疗技术的快速发展。例如，在干细胞治疗某些疑难病症方面，国外可能有更成熟的技术和研究成果，通过合作与交流，可以加速我国在该领域的技术突破，为一些难治性疾病如帕金森病、糖尿病、心肌梗死等提供新的治疗思路和方法。

（2）提升医疗服务质量：外商独资医院的设立可以带来新的管理模式和服务理念，对国内医疗机构形成良性竞争，促使国内医院不断提高服务质量和管理水平。患者能够享受到更加多样化、个性化的医疗服务，满足不同人群的医疗需求。

（3）促进医疗资源均衡分布：政策中提到的开放试点地区包括北京、上海、天津、南京、深圳等主要城市以及海南全岛，这有助于将先进的医疗资源和技术向更多地区辐射，在一定程度上缓解医疗资源分布不均衡的问题，让更多地区的患者受益。

2. 对产业发展的意义

（1）加速产业升级：干细胞和基因诊断治疗等领域是生物医药产业的前沿和重点发展方向。该政策的实施将吸引更多的国内外企业和资本投入这些领域，推动产业升级和创新发展。相关企业可以加强与外商投资企业的合作，共同开展研发、生产和销售等活动，提高我国生物医药产业的整体竞争力。

（2）带动相关产业链发展：干细胞和基因诊断治疗产业的发展会带动上下游产业链的发展，如细胞培养设备、试剂、检测仪器等相关产业。这将创造更多的就业机会，促进相关产业的协同发展，对经济增长产生积极的推动作用。

3．对科研创新的意义

（1）加强国际合作与交流：为国内外科研机构和企业在干细胞和基因诊断治疗领域的合作提供了政策支持和平台，有利于加强国际间的科研合作与交流。科研人员可以共同开展项目研究、分享数据和资源，加速科研成果的转化和应用，提高我国在该领域的科研水平。

（2）培养专业人才：与外商投资企业的合作以及相关产业的发展，将为我国培养一批专业的干细胞和基因诊断治疗领域的人才。这些人才将在技术研发、临床应用、管理等方面发挥重要作用，为我国医疗健康事业的长远发展提供人才支持。

4．对国家整体发展的意义

（1）增强国家影响力：我国在医疗领域的开放举措展示了我国在生物医药领域积极开放的态度和决心，有助于提升我国在全球医疗健康行业中的影响力和话语权。同时，通过吸引国际先进企业和技术进入我国市场，可以加强我国与其他国家在医疗领域的合作与交流，推动构建人类卫生健康共同体。

（2）促进经济增长：医疗健康产业是一个具有巨大发展潜力的产业，该政策的实施将吸引更多的投资和资源进入我国医疗健康市场，推动相关产业的发展，为我国经济增长注入新的动力。

41   哪些人不适合打干细胞？

不适合进行干细胞治疗的群体主要有：①严重过敏体质人群；②生命体征不稳的患者；③高热患者；④孕妇或哺乳期女性；⑤晚期癌症患者不宜单用干细胞，除非恶液质严重衰竭患者。癌症患者宜先用免疫细胞，或免疫细胞和间充质干细胞交替使用（图1-37）。

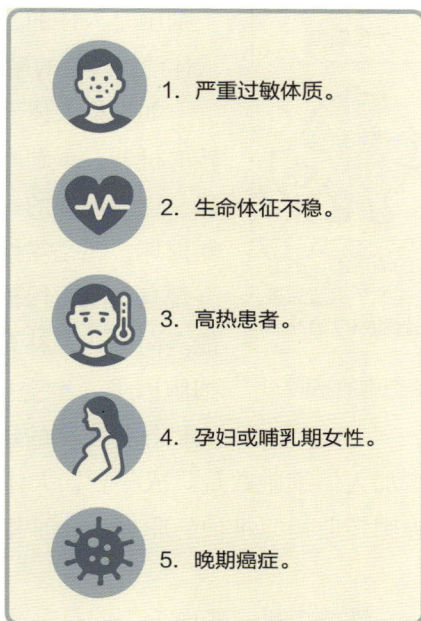

图1-37　不适合打干细胞的群体

42 细胞治疗过程中不可以使用哪些药物？

干细胞的最大特点是安全，不能同时使用的药物主要限于抗凝剂以及严重影响肝肾功能的药物等（图1-38）。

图1-38　细胞治疗过程中不可以使用的药物

43 干细胞和免疫细胞有何不同？

我们的身体中存在着一个健康守护军团，他们将有害细菌和病原体牢牢防御于身体之外，日夜保障人体各项身体机能的正常运转，干细胞和免疫细胞就是守护军团中的两大主力干将。

干细胞是给人体补充外源性细胞或激活内源性干细，而免疫细胞则是清除人体内的有害物质，包括变异的肿瘤细胞和外来的微生物入侵（如病毒、细菌）。

干细胞	免疫细胞

人体的工兵部队，起修复作用	人体的清洁工、防卫军，主要负责清除衰老细胞和癌症治疗

图1-39　干细胞和免疫细胞的不同

干细胞是人体的工兵部队，免疫细胞使人体清理垃圾的搬运工（图1-39）。

如果把人体看作一个庞大而精密运转的机器，干细胞就是这个机器里最忙碌，也最重要的一群修理工。无论是机器损坏，还是零件老化，这群修理工都会现身，全力保护人体健康。它们不仅能多向分化，补充新鲜细胞；也能分泌细胞因子，给受损细胞提供营养支持。它们作为王国的建设者，通过分化源源不断提供新生细胞，增加人体细胞数量。成年后，人体外形基本固定，无须再继续增长时，干细胞则转业担起维护的职责，及时替换和更新衰老或受损的细胞。

干细胞的作用是——维持生机。造血干细胞是最早被用于临床的干细胞治疗技术。即使是很少量的造血干细胞，理论上都能完成人体造血系统和免疫系统的重建。间充质干细胞则是广泛应用于再生医学研究领域的一种干细胞。在全球，已经有上千项临床试验证明了其安全性，还有近十种间充质干细胞药品上市。

免疫细胞——人体的清洁工，防卫兵。如果说干细胞是人体的维修工，那么免疫细胞就相当于人体的清洁工。它们一方面要清除细菌、病毒等外来入侵者；另一方面，也要清除体内衰老细胞以及发生突变的细胞。免疫细胞的作用是清除维稳。科学家们发现，如果免疫细胞无法正常工作，会形成免疫监视失调，从而造成衰老细胞的积累，出现慢性炎症，增加老年疾病的患病率。免疫细胞是防卫军，主要发挥两方面的治疗作用：①清除衰老细胞，以防止衰老细胞集聚对人体造成伤害，以NK细胞为主；②癌症治疗，输入体内可以杀死患者体内失控的癌细胞，如后文提到的CIK细胞和CAR-T细胞。

干细胞和免疫细胞的共同点在于：两种细胞都有助于对抗衰老。同时，它们在机体内的数量和活性都会随着年龄的增长而降低。

综上，我们的身体生病的原因大致也就是两种，敌人太强或者自己太弱。

为了更好的建设及保卫王国，干细胞和免疫细胞内部商议后进行了更详尽的职能细分。干细胞起修复作用，无论身体外伤，或者是发生糖尿病、冠心病、老年痴呆、肝硬化等"内伤"时，干细胞都能起到修复这些受损器官中细胞的作用。免疫细胞，主要阐述一下目前临床应用较多的自然杀伤细胞（NK）、CTL、CIK等，以及嵌合抗原受体T细胞免疫疗法，即CAR-T细胞等。NK细胞专业名称为自然杀伤细胞，NK细胞的主要职能是随时清除体内衰老、变异的细胞，如果要在现实生活中找个相近职能代表的话，应该就是警察了，随时维持社会治安。CIK细胞并不具备NK细胞的固有免疫，CIK细胞主要职能是增强自身免疫力，弥补NK细胞不足，就好比现实生活中当警察遇到难度较高的对手时，就会寻求武警支援一样，而CIK细胞就是这群随时补位的悍马武警。CTL细胞又称细胞毒性T细胞，具有具有特异性识别、记忆性等特征，在免疫防御中的重要作用。 在抗击病毒感染中，CTL 细胞可以识别并清除被病毒感染的细胞，阻止病毒在体内的复制和传播；对于肿瘤细胞，CTL 细胞能够识别肿瘤特异性抗原或肿瘤相关抗原，发挥抗肿瘤免疫作用。CAR-T，学名为肿瘤蛋白基因修饰的免疫T细胞是在T细胞基础上进行基因修饰后的特殊细胞类型。在我们自身免疫细胞对战癌细胞的时候，难免会出现NK与CIK细胞都无法识别肿瘤细胞的情况，CAR-T细胞就可以靶向性杀死这些狡猾伪装的肿瘤细胞。CAR-T就像是带有明确任务的特种部队，能快、准、狠地杀死目标敌人。

总结一下，细胞是细胞王国的建设者，当我们的身体细胞有创伤，需要被替换或修复时，就需要干细胞发挥治疗作用。例如，当身体发生严重外伤时，或者发生糖尿病、冠心病、老年痴呆、肝硬化等慢性病时，本质上是哪些器官的细胞受到了损伤，这时就可以输注干细胞进行治疗。

44 干细胞治疗的费用是多少？

尽管干细胞治疗为很多人来带来了新的希望，但高昂的治疗费用仍然是考虑的一个重要因素，目前干细胞治疗费用尚未纳入医疗保险，需要接受者自费。①干细胞治疗价格受需求的影响，有人回输干细胞是为了除皱、祛斑，而有人则是提高免疫力，预防疾病；有的是为了全身抗衰老，重塑生命肌能，实现年轻化。需求的较大差异决定了成本差别。②干细胞治疗价格和移植的干细胞剂量有着密切的关系，如果移植量大自然费用也会高一些，但移植的量应该在合适的范围内。③干细胞治疗价格还与所选择的机构、技术权威性、最终效果密切相关。

最近在国外，BioInformant开展了一次调查，根据调查结果显示：

- 30%的受访者表示他们的治疗费用在5000美元或以下；
- 20%的受访者的治疗费用介于5000美元至10 000美元之间；
- 40%的受访者的治疗费用在10 000美元至25 000美元之间；
- 10%的受访者的治疗费用超过了25 000美元。

其中，大部分治疗费用低于5000美元的受访者是接受骨科或肌肉骨骼疾病的治疗。相比之下，费用较高的患者通常是接受全身或更复杂疾病的治疗，例如糖尿病、多发性硬化症、神经退行性疾病（如阿尔茨海默病）、银屑病关节炎或孤独症。

Twitter的民意调查结果也显示，在干细胞治疗上的平均花费也是在5000美元至25 000美元或更多。一般来说，治疗骨科疾病的费用较为便宜，而治疗慢性和复杂疾病的费用则相对较高。目前，欧美同类服务一般在30万～40万美元；国内医疗及某些私立保健机构的水准及价格参差不齐，也在60万～120万元（人民币）。

与国外相比，中国的干细胞价格相对便宜，每份规格细胞量通常在4000万～6000万个，价格一般在2万元到4万元不等。免疫细胞制作成本稍高，故价格要贵于干细胞。

45　干细胞的价格为什么居高不下？

干细胞动辄几万元甚至更高的价格，让很多患者望而却步，甚至让人一头雾水，为何干细胞的价格比普通药物贵？即便同样是干细胞，为何价格相差如此之大？还有作为普通患者，如何初步判断优劣，选择适合自己的干细胞疗法？

1．干细胞为何普遍比传统药物贵？

（1）干细胞不同于传统药物，它是一类"活的细胞"，既是形成人体各组织、器官的始祖细胞，同时也是具有自我更新能力、多向分化潜能，同时具有分泌细胞因子、免疫调节功能的原始细胞。这也意味着，干细胞无法像大多数传统药物那样，被大量制造并储存使用。

（2）干细胞需要特殊的制造流程。首先，需要提取患者自身或健康供体的部分组织（如自体脂肪组织、牙髓组织、脐带组织等）；其次，在实验室中进行扩增、培养；最后，将培养好的干细胞移植到患者体内，使其替代原有受损的细胞，从而达到慢病防治、美容抗衰等目的。

（3）干细胞的生产、运输、储存、使用的全流程，都有严格的要求。传统药物大多常温保存即可，但干细胞则不行，制备好的干细胞需要冻存在－196℃的低温液氮罐中，方能保持其活性，从而发挥正常的功效。这无疑增加了干细胞储存及运输的难度、成本。

综上所述，干细胞作为尖端医疗的佼佼者，其研发、制造工艺非常复杂、对技术的要求更高，而且生产、运输、储存、治疗的全流程，都比传统药物的要求更加严苛，这也是导致干细胞疗法的价格远高于普通药物的原因之一。

2. 同样是干细胞，价格为何天差地别？

（1）干细胞的供体来源：若想获得高质量的干细胞，细胞的供体来源尤为重要。如果把干细胞比作人体的大楼，供体来源相当于"地基"般的存在。我们常说的干细胞供体来源，无外乎两种，一种为异体干细胞，取材于健康供体的脐带、骨髓、牙髓等组织；另一种为自体干细胞，大多取材于患者自身的脂肪组织等。

（2）干细胞家族成员众多，其类型不同，价格也有会所差异，按价格高低可简单划分为三类。第一梯队："亚全能干细胞"可分化为几乎所有的人体细胞类型，具有保护与修复器官或组织损伤的能力，可用于某些难治性疾病的治疗，它也是当之无愧的价格天花板。第二梯队：专病专治的"专能干细胞"无疑是干细胞的第二梯队，其中包括治疗神经系统疾病的神经干细胞、治疗糖尿病的胰岛干细胞等。第三梯队：我们熟知的间充质干细胞是公认的性价比之王，可用于美容抗衰、改善亚健康状态等。常见包括我国临床应用较多的脐带间充质干细胞，日本临床应用较多的自体脂肪间充质干细胞等。

（3）干细胞培养的培养代数、干细胞的培养基、培养前的严格检查等，也与干细胞的质量及成本有关。干细胞的代数以3～6代最佳。

（4）干细胞的治疗方式：干细胞的治疗方式会因疾病类型、个体情况等而有所差异，常见的治疗方式包括静脉回输、鞘内注射（蛛网膜下腔注射）、局部注射等方式，其价格也会有所不同。一般来说，鞘内注射的费用会比静脉回输高。

46 干细胞如何才能用的放心和安心？

干细胞作为一项尖端技术，它的提取、体外培养、存储等，都有着极其严格的要求，任何一个环节出现问题，都可能影响干细胞的活性和最终的治疗效果。然而，现实问题是，被回输到患者体内的干细胞质量如何，普通消费者很难用肉眼分辨，这也是干细胞市场鱼龙混杂及价格天差地别的重要原因之一。那么作为一个"聪明"的患者，如何初步判断优劣（图1-40），选择适合自身的细胞呢？

1	2	3
首先，要看这个源头工厂（实验室是否达到国家标准）	第二，要看是否具备强大的专家团队	第三，要看该公司（实验室）产品有无第三方检验

图1-40　如何判断干细胞的质量

首先，要看这个源头工厂（实验室）是否达到国家标准　国家对生产和储存细胞的生物实验室要求甚高，其次，环境的洁净度必须达到万级以上层流标准，细胞制备区域必须达到千级和百级要求，否则将会被视为不合格。实验室建成后，需经过国家法定的权威性检测机构如疾控中心验收合格，方能开展细胞生产制备业务。

其次，要看是否具备强大的专家团队。干细胞的临床研究和实际应用，需要货真价实的两大专家团队保障。①实验室团队，这是保证细胞治疗和先进水平的重要基础。经验丰富的实验室专家和专业人员能够对细胞的采集、制备、疗效、质量评价、安全评估、运输、存储标准等诸多环节进行把关，推进细胞标准化制备及全流程严格监管。高水平的学科带头人可以引领团队不断开展科研新项目，占领学术制高点。②临床专家团队，这是保证患者和亚健康患者实现最佳疗效的基本保证。无论是健康人群的抗衰，还是亚健康调理，无论是慢性病的治疗还是难治性疾病的控制，抑或恶性肿瘤的防治，都必须有经验丰富的临床医生替你把关和保驾护航。他们要根据你的健康体检和疾病检查及诊断结果给你出具干细胞治疗方案，并结合干细胞治疗为你调整药物和开出保健处方，因为干细胞虽然可以标本兼治疾病，但它决不是万能的，必须有其他治疗措施配套。

最后，要看该公司（实验室）产品经过第三方检验。细胞质量的优劣、治疗水平的高低，不是自己吹出来的，所谓"老王卖瓜、自卖自夸"，不是正确的科学态度。产品质量须有第三方检测结果，而且最好是权威性的质量检测机构，如中国科学院质检部门、中国食品药品检定研究院等。

47 输送干细胞的途径有哪些?

根据患者的健康状况，进行干细胞输送有7种方法。具体如下：静脉给药、鞘内给药（腰椎穿刺）、肌肉注射、通过导管进行动脉内给药、球后细胞输注、解放血管成形术等。在7种给药途径中，静脉输注占43%。静脉输注因其给药方便、低侵入性和高重复性而受到青睐，使其成为最常用的治疗方法（图1-41）。

1. 静脉注射干细胞 优势在于迅速分布全身，进入血液循环系统，将干细胞输送到全身各个部位。这使得静脉注射干细胞在治疗全身性疾病时能够确保药物或细胞被均匀分布到全身，从而提高治疗效果。例如，在治疗某些免疫系统疾病时，静脉注射干细胞可以迅速调节免疫系统功能，减轻炎症反应。操作简便：静脉注射干细胞的技术相对简

1. 静脉给药（占43%）
2. 腰椎穿刺
3. 肌肉注射
4. 通过导管进行动脉内给药
5. 球后细胞输注
6. 解放血管成形术

图1-41 输送干细胞的方法

单，不需要进行复杂的手术或局部操作。医生可以直接使用无菌注射器将干细胞注入静脉中，这降低了手术风险和患者的痛苦。相比其他给药方式，如局部注射或手术植入，静脉注射干细胞具有更高的安全性和便捷性，而且不会对目标部位造成额外的创伤。通过减少对身体的侵入性操作，静脉注射能够降低治疗的副作用和并发症，提升患者的舒适度和安全性。例如，在治疗帕金森病时，利用干细胞进行静脉注射可以避免手术植入带来的风险和创伤。提高干细胞的存活率和治疗效果：静脉注射干细胞能够使干细胞更直接、更有效地到达目标区域，促进干细胞的归巢与停留。这一方法不仅提高了干细胞的利用率，还显著增强了其增殖和分化的潜力，为组织修复与再生提供了强有力的支持。这些优势使得静脉注射干细胞成为治疗多种疾病，尤其是神经损伤、心血管疾病、肝胆疾病、遗传性疾病、自身免疫性疾病以及肺部疾病等的有效手段。

2. 球后注射干细胞 球后注射通常用于全球范围内对球后区域（眼睛后面）进行局部麻醉。在我们的干细胞治疗过程中，这组注射用于将干细胞输送到尽可能靠近视神经和（或）视网膜的位置，以便更好地瞄准受伤部位。

3. 鞘内注射干细胞 鞘内注射包括向脊髓管内注射，以便进入脑脊液，进而进入中枢神经系统。这种类型的注射可以更轻松、更有效地将干细胞输送到大脑和脊髓。鞘内注射干细胞的优势主要包括以下几点。①精准治疗：鞘内注射允许干细胞直接到达中枢神经系统（CNS），绕过了血脑屏障，这使得细胞能够更有效地定位于受损区域，实现精准治疗。可快速恢复神经功能，干细胞能够分化成多种神经细胞类型，有助于替代受损的神经细胞，促进神经功能的恢复。例如，在卒中等中枢神经系统损伤的治疗中，鞘内注射干细胞被证明能够显著改善患者的神经功能。减少副作用，由于干细胞直接作用于受损部位，全身性的副作用较少。这降低了治疗过程中的风险，使得患者更容易接受治疗。②个性化治疗：可以根据患者的具体病情和病变部位，调整注射的干细胞类型和剂量，实现个性化的治疗方案。③治疗潜力大：干细胞疗法在治疗多种神经系统疾病中显示出巨大潜力，包括但不限于帕金森病、阿尔茨海默病和脊髓损伤等。随着研究的深入，未来有望为更多类型的神经系统疾病提供有效的治疗手段。综上所述，鞘内注射干细胞作为一种创新的治疗方式，具有精准、高效、安全等优点，为神经系统疾病的治疗提供了新的希望。

4. 肌肉和皮内注射干细胞 肌肉注射是将药物注射到肌肉中。肌肉注射干细胞可以帮助肌营养不良症患者获得更好的健康益处。这些注射剂直接注射到患处的肌肉中。入院后，医生将仔细检查患者并决定应在患处的肌肉中局部接种多少干细胞包。这种给药方法也用于治疗下肢缺血和糖尿病足。

伤口周围皮内注射用于治疗糖尿病足或压疮等开放性溃疡。它包括将干细胞直接注入伤口区域或伤口周围，即接种到皮肤的真皮层。这一层是皮肤表皮层下方最受欢迎的层，因为它是血管丰富的层，包含密集的血管、免疫细胞和真皮树突状细胞。通过这种方式，注入的干细胞将迅速引发和强化身体的自然愈合信号，以便更快地恢复。毛囊周围皮内注射是指在注射时，将富含血小板的血浆（PRP）与患者自身的脂肪组织干细胞提取物混合。通过局部麻醉使头皮失去知觉，然后借助微型针头将PRP和干细胞注射到毛囊周围。这种皮内局部应用PRP和干细胞可以立即加快毛囊周围的愈合过程。该方法可以刺激先天干细胞，为毛囊提供强度、支撑、活力和弹性；这将有助于自然产生新的发丝。面部皮内注射PRP是在注射时将富含血小板的血浆与患者自身的脂肪组织干细胞提取物混合。使用局部麻醉霜使面部麻木，并在微型针的帮助下将PRP和干细胞注射到面部的不同部位，例如眼睛、嘴唇、下巴等周围。这种皮内局部注射PRP和干细胞的方法可以立即加快愈合过程。该方法可以刺激天然细胞增加胶原蛋白的产生，消除光损伤细胞、色素沉着和皱纹，让您拥有自然清新、紧致和无皱纹的皮肤。

一般来说，大多数皮内注射是通过微针通过曼图氏针法在皮肤内进行的；其中针头将以5°～15°的角度插入该区域周围。

5. 解放血管成形术 解放血管成形术是一项非常关键的手术。使用 X 射线扫描将带有球囊尖端的导管引导至受影响的区域或静脉。一旦到达目标区域，尖端就会膨胀，从而扩大狭窄区域。整个手术大约需要90分钟。然后，患者被留在取回室约4小时，以确保导管插入条没有出血。该治疗第二步是植入干细胞：在第一步血管成形术之后，血液可以顺利地通过狭窄的静脉。这对于确定植入的干细胞转化为再生或修复受损的脑或脊髓组织所必需的特化细胞的有效潜力也至关重要。这个过程还可以减轻全身的炎症。一些患者报告说，经过这种治疗后，恢复速度非常快。

6. 动脉内注射干细胞 动脉内输注通常是通过插入动脉的细导管插入细胞。输注通常要小心谨慎，以免造成损伤。通过X射线成像，导管指向目标区域，以确保在损伤部位最大限度地输送细胞。这种途径通常适用于肾脏、心脏或胰腺等血管器官。

7. 玻璃体内细胞输注 玻璃体内注射（IVI）治疗视网膜疾病彻底改变了眼科领域。人眼中充满了一种胶状物质，称为"玻璃体"。IVI是将干细胞直接注射到眼睛后部视网膜附近的玻璃体中。

选择那种输送方式更好？概括一下，干细胞的输送方式主要可以分为全身输注和局部输注两种。全身输注和局部输注各有优缺点，适用于不同的治疗场景。选择哪种输送方式应根据患者的具体病情和治疗目标来。全身输注包括静脉注射（IV）和动脉注射（IA），是通过静脉注射将干细胞直接送入血液循环，适用于需要治疗全身性疾病或多处损伤的情况。由于注射方式相对简单且侵入性小，全身输注在临床上较为常用，特别是在治疗神经系统疾病、移植物抗宿主病、肺病、炎症性肠病、肝脏疾病、糖尿病、皮肤疾病和肾脏疾病时。此外，静脉输注的干细胞存活率较高，且能够模拟自然细胞的运输过程，提高细胞在体内的存活概率。局部输注包括鞘内注射、蛛网膜下腔注射、关节腔内注射、心内注射、肌肉注射和骨髓腔注射等。这种方式直接将干细胞递送到特定的组织或器官，如关节腔或心内膜，适用于需要针对性治疗特定损伤或疾病的情况。局部输注的优势在于能够直接将干细胞送达病灶，提高治疗效果，但侵入性相对较高，且可能受到病灶微环境的影响。

48 干细胞输注后需要注意哪些问题？

如果接受干细胞输注治疗后，可稍作休息，12小时内不要做剧烈运动，让干细胞自然进入体内正常的血液循环；24小时内不要喝酒，以免输入的干细胞被酒精麻痹；36小时内不要蒸桑拿，以免体液过于失衡；48小时内不要熬夜，以免体能过于透支；3天内避免接受强烈阳光照射，以避免在皮肤修复时接受太多紫外线损伤（图1-42）。

图1-42　干细胞输注后的注意事项

49　干细胞输注后会有什么不良反应吗？

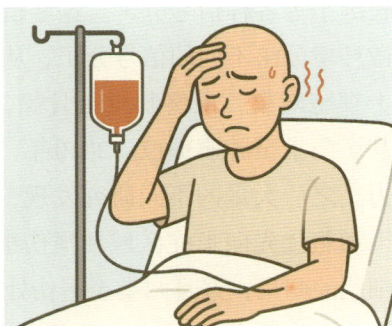

　　干细胞治疗安全性高，其输注和平时的输液是一样的，只有在穿刺的时候有轻微的疼痛，痛感是可以承受的。输注过程中因个体差异，极个别的人会有一过性的发热等轻微过敏反应，稍作休息后就会缓解，第二天所有症状就会消失（图1-43）。

图1-43　干细胞输注后的不良反应

50　输到体内的干细胞是怎么发挥作用的？

　　在临床研究或者临床治疗中，常常有回输干细胞的案例。那么，干细胞在输注到人体之后，它到底去了哪里呢？人体那么多器官和组织，干细胞进入人体后在哪里"安家"呢？"安家"之后又是怎样发挥疾病治疗的作用（图1-44）？

　　答案要从"干细胞的归巢性"说起。间充质干细胞是目前临床上最常用的一类干细胞，其中显著的特性就是"归巢性"。

　　所谓归巢性，是指当我们的机体遭受损伤时，干细胞会自发去向损伤部

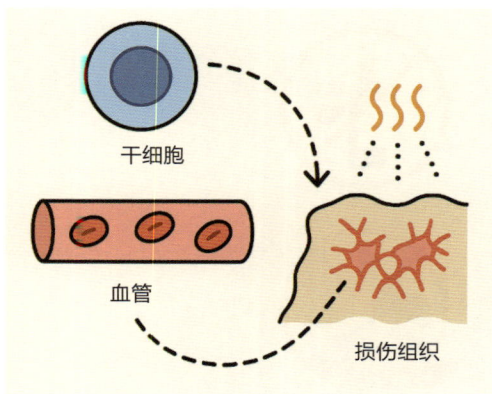

图1-44　干细胞如何发挥作用

干细胞　血管　损伤组织

位的特质。干细胞的"归巢"特质，仿若赋予它一个GPS导航，指引着它寻找最终的归处——需要它奉献、修复的工作岗位，人的体内遭受创伤的组织与器官。

简单的说，人体组织出现损伤或者炎症，就会改变体内的微环境，这种改变成了是间充质干细胞归巢的始动因素。我们知道，当人体某个组织发生损伤时，就会局部表达多种趋化因子、黏附因子、生长因子等各种信号分子。这些信号分子驱动着间充质干细胞"回家"。不同的微环境分泌不同的信号分子，从而吸引间充质干细胞定向到达该组织。所以，干细胞归巢，最终归巢至骨髓，归巢至各个脏器，归巢至炎症及创伤部位，甚至归巢至肿瘤部位。2010年，Saito等人首次证明了间充质干细胞的归巢能力。之后大量的不同研究发现，当组织损伤后，移植入人体的外源性间充质干细胞优先向炎症区域和损伤组织归巢，缺血损伤的组织更能吸引间充质干细胞的归巢，并且归巢至损伤处能发挥治疗作用。

干细胞自带"GPS"，哪缺补哪。当机体遭受损伤时，干细胞会自发去向损伤部位，这就好比干细胞身上装上了一个GPS，能无时无刻地指引它到达目的地——机体损伤后需要修复的部位。干细胞的归巢性是其安全用于临床的关键。

首先，干细胞注射进入体内后，在血管内与血管内皮细胞发生相互作用，由细胞表面的选择素及其配体发生特异性结合所介导，但二者结合较为松弛，使得干细胞能够锚定并沿着内皮滚动。而后，干细胞通过其表面表达的黏附分子与血管内皮细胞呈递的黏附配体结合，二者结合较为牢固，就好比干细胞走在滚动的流水线上一样，不停的向前移动。

而后，机体会激活许多的细胞因子与趋化因子，如血小板衍生生长因子α、胰岛素生长因子-1、CXCL12和其他趋化因子。干细胞可变地表达多种其他趋化因子受体，这种表达谱在决定干细胞将迁移到哪些组织中可能是重要的。例如，在股骨缺损模型中，转化生长因子-β（TGF-β）-3能够增加内源性骨髓间充质干细胞向股骨头的迁移，从而增加骨体积和骨密度。

然后，当达到损伤部位的血管时，干细胞会牢牢的附着于该部位的内皮细胞表面而不再发生移动，细胞表面整合素构象的改变促进了这一过程。间充质干细胞本身也可表达血管细胞黏附分子和细胞间黏附分子而使其附着性增加。

最后，干细胞要穿过血管到达受损组织中去发挥其功能。例如间充质干细胞为穿透内皮细胞基底膜而表达CXCL12、c-kit配体以及分泌组织蛋白酶和基质金属蛋白酶等。这些成分在间充质干细胞的组织侵袭中起重要作用。

第二章

干细胞抗衰老

第一节　衰老的概念

51 何谓衰老和抗衰老？

　　衰老是一个复杂的生物学过程，指生物体在生命周期中逐渐出现的功能衰退和结构变化的现象。从生理层面来看，衰老表现为细胞功能下降、组织和器官的机能减退。细胞的代谢能力降低，再生和修复能力减弱，细胞内的线粒体功能障碍，自由基积累增加，导致细胞损伤和老化（图2-1）。

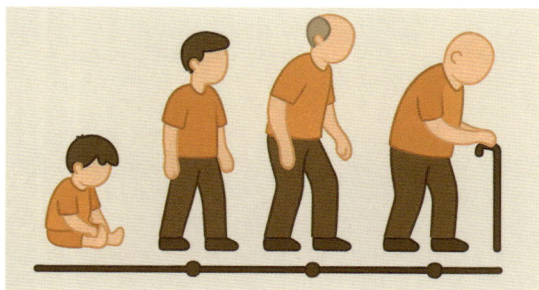

图2-1　人类的衰老

　　在组织和器官方面，心脏的泵血功能可能减弱，血管弹性降低，容易引发心血管疾病；免疫系统功能下降，使人更容易感染疾病和患癌症；肌肉力量减弱，骨密度降低，容易导致骨质疏松和骨折；大脑的认知能力和记忆力可逐渐衰退。此外，衰老还会在外观上有所体现，如皮肤出现皱纹、松弛、失去弹性，头发变白、稀少等。衰老的进程受到多种因素的影响，包括遗传因素、环境因素（如紫外线辐射、污染、不良饮食等）、生活方式（如吸烟、酗酒、缺乏运动等）以及心理因素（如长期的压力和焦虑）。总之，衰老是一个不可避免的自然过程，但通过保持健康的生活方式和良好的心态，可以在一定程度上延缓衰老的进程，提高生活质量。

为什么需要进行抗衰老？抗衰老不仅是为了保持年轻的外表，更重要的是提高整体健康和生活品质。现代医学表明，许多过去无法治愈的老年疾病现在可以通过早期筛查和干预进行预防。抗衰老的目标是在延缓身体机能退化的同时，减少慢性疾病的发生率，从而让人们在健康状态下享受更长的寿命。

52　导致人衰老的主要原因是什么？

衰老的发生受到多种因素的共同影响（图2-2），主要可以归结为三大原因。①机体功能退化：这是衰老的核心因素，随着年龄的增长，细胞分裂能力降低，组织再生能力减弱，器官功能逐渐下降。②疾病创伤：疾病和身体创伤对机体造成的损害往往加速衰老进程。慢性疾病如心脏病、糖尿病等不仅削弱人体的抗病能力，还加剧了器官功能的损耗。③环境和毒素污染：环境中的有害物质，如空气污染、重金属、紫外线辐射等，加速了细胞的损伤和衰老。此外，生活中的不良习惯，如抽烟、过度饮酒，也会加重这种负面影响。什么是干细胞抗衰老？干细胞抗衰老是现代医学技术的一项前沿突破。干细胞是未分化的原始细胞，具有高度的分裂和再生潜能。通过补充或激活人体内的干细胞，能够修复受损组织、替换老化细胞，从而延缓衰老的进程。

机体功能退化　　疾病创伤　　慢性疾病

环境和毒素　　抽烟饮酒

图2-2　导致衰老的因素

干细胞抗衰老疗法正逐渐成为延长健康寿命、提高生活质量的重要手段。

53 人体衰老会出现哪些现象？

人体的衰老是一个从20岁开始渐进的过程，不同器官和组织的老化进程并不同步。在衰老过程中，生物体从器官、组织、细胞、分子水平上均发生退行性变化（图2-3）。

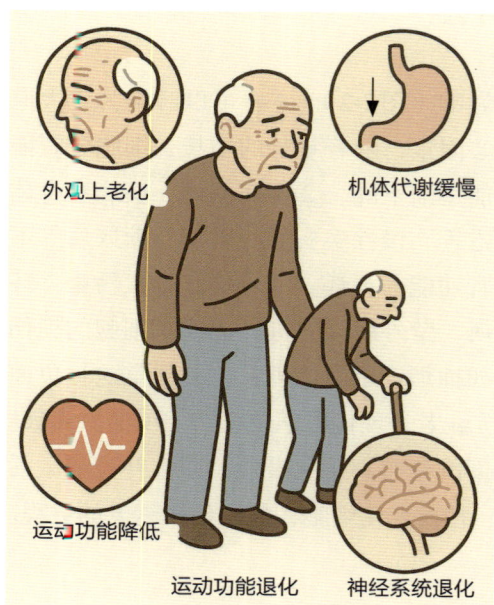

图2-3 衰老的表现

1．外观上的变化 主要包括皮肤表皮变薄，结缔组织减少，皮下脂肪减少消失，皮肤松弛，皱纹增多；心血管系统心内膜胶原纤维和弹性纤维增生；动脉硬化，血管弹性降低，内膜出现钙和脂类物质的沉着，管腔狭窄；神经系统脑重量渐减轻，脑体积缩小。

2．机体代谢的变化

（1）基础代谢：随着年龄的增长，基础代谢都呈下降趋势。

（2）脂质代谢：Werner等通过对3000人的研究，发现血清胆固醇含量在20岁以后随增龄逐渐增多，Smith发现10岁到70岁的主动脉内膜总脂的含量也随增龄而升高，主动脉干组织胆固醇的含量比其他脂类高4倍。

（3）糖代谢：随着人体的衰老，体内糖代谢障碍的出现率也随之升高，据Pozetsky等报告，老年人的耐糖量明显低于中、青年。

（4）蛋白质代谢：主要是蛋白质的转换率随年龄的增长而升高，有些组织RNA的转换率也在加快，同时具有解毒和适应代谢的酶的诱导时间延长，从而影响了老年人机体的许多重要生理功能。免疫系统的衰老变化胸腺组织萎缩，T淋巴细胞数量减少，活性下降。骨髓和脾脏的代谢下降，B淋巴细胞生产度明显下降。同时对外源性致病物质反应速度和强度都下降，对体内的衰老和病变或癌变细胞的识别和吞噬力显著下降。最终导致老年人抵抗力下降，易发感染性疾病，癌症的发病率增加。同时体力和耐力都会明显下降。泌尿系统的衰老变化老年肾组织学特征是部份肾小球发生透明变性、肾小管细胞脂肪变性，入球血管发生硬化等，远曲小管随增龄出现憩室，这些憩室可扩大的老年人中常见的肾囊肿。肾功能可因血管硬化、有效肾血流量减低、肾小球滤过率减低。此外，对电解质的排泄及糖的重吸收功能也逐步下降。膀胱由于肌肉黏膜萎缩而容量减少。生殖系统的衰老变化生殖系统可见女性乳房脂肪沉着，乳晕及乳头萎缩，外生殖器萎缩，分泌减少，小阴唇黏膜变干及苍白，阴道细胞上皮萎缩，阴道细胞缺乏糖元，阴道pH由4.5变为（6.44±0.49），酸性降低。宫颈萎缩，卵巢缩小并硬化。男性睾丸萎缩并纤维化，精子在相当一部分人中存在，但数量大为减少。前列腺因激素平衡失调而增生。内分泌系统的衰老变化在衰老过程中，促甲状腺激素、甲状腺素（T4）和三碘甲腺原氨酸（T3）的合成和分泌减少，使甲状腺的效应功能减退；老年人胰岛素的生物学活性明显降低，组织细胞膜上的胰岛素受体数也逐渐减少，是导致老年人患糖尿病的原因。

3. 运动功能的变化 运动系统的衰老表现在老年人骨骼肌的肌细胞内水分减少，细胞间液体增加，肌肉失去弹性，肌肉组织间有脂肪和纤维组织的生长，使肌肉的功能降低，易疲劳；肌腱韧带萎缩，并收缩而变僵硬。骨骼中有机物质如骨胶原、骨蛋白质含量减少或逐渐消失。长骨及骨盆成海绵样变或发生骨质疏松，骨骼变脆，椎间盘退行性变，脊柱弯曲，老人发生驼背，身高下降。关节软骨纤维化，滑囊变僵硬，关节僵硬，活动不灵活。

4. 神经系统的变化 由于脑血流障碍及氧耗量降低，中枢神经组织形态变化。

（1）神经细胞减少：老年人脑神经细胞数可减少10%～30%不等，与此同时脑体积缩小，重量减轻，皮质及神经核变薄或变小，脑沟加宽，脑室扩大。

（2）脂褐质沉积：对细胞功能及生存均有障碍。

（3）轴索萎缩：导致轴索功能停滞。随着老年人丘脑-垂体系的变化，使丘脑环境稳定性的控制力减弱，从而导致应激力减弱，代谢紊乱，促进动脉硬化及高血压的发展，并使蛋白质和酶的合成降低。

（4）外周神经系统的老化改变：①血管的改变为内膜增生、中层纤维变性和透明变性，最终可使血管狭窄闭塞。②神经束内结缔组织增生，神经内膜也有增生和变性。③神经纤维的进行性变性。由于老年人在中枢神经系统和外周神经系统的变化，使老年人的兴奋和抑制过程转换变慢，灵活性很差，对外界反应迟钝，动作协调性差，注意力不集中，技巧的记忆力衰退，而为逻辑性的的记忆力所代偿，对高水平的智力活动保留较久。此外触觉、听觉、嗅觉、味觉等功能伴随老化也日渐降低。

5. 慢性病逐步增多　随着衰老的到来，很多慢性病接踵而来，衰老与疾病的关联大量研究表明，衰老是多数慢性疾病的最大危险因素，这些疾病包括：肿瘤、高血压、冠心病、慢性支气管炎、肺炎、胆囊病、前列腺肥大、股骨骨折与糖尿病等。

54 衰老的特征有哪些？

归纳一下衰老的特征，包括但不限于以下几个方面。

1. 外貌变化　头发变白、稀疏，皮肤出现皱纹、松弛、色素沉积，牙齿松动等。

2. 器官功能下降　心血管系统老化，心脏供血能力减弱，血管弹性降低；呼吸系统功能降低，肺活量减少；肾脏功能下降，可能导致尿频、尿急等问题；消化系统功能减弱，易出现消化不良、便秘等。

3. 骨骼肌肉变化　骨质流失，骨骼变脆，容易发生骨折；肌肉力量减弱，耐力下降。

4. 记忆力和认知能力下降　思维能力减弱，反应迟钝，记忆力减退。

5. 免疫力降低　容易感染疾病，恢复能力变差。

6. 感官系统变化　视力和听力可能下降，味觉和嗅觉敏感度降低。

7. 代谢率下降　基础代谢率降低，合成代谢减少，分解代谢增加，容易导致体重增加。

8. 慢性疾病增加　如高血压、糖尿病、心血管疾病等的发病率增加。

需要注意的是，衰老是一个渐进的过程，不同人的衰老速度和特征可能会有所差异。保持健康的生活方式，如均衡饮食、适量运动、减少压力等，有助于延缓衰老的进程。如果对衰老过程中的健康问题有疑虑，建议咨询医生或专业健康机构。

第二节　干细胞抗衰的原理

55　干细胞为什么可以抗衰老？

人体之所以会衰老，主要是由于细胞更新的速度小于衰老速度，新鲜的细胞补充不足，而细胞更新的来源就是干细胞。科学研究表明，在人体衰老过程中，我们体内干细胞数量的比例逐渐降低。以骨髓中间充质干细胞比例的变化为例：在刚出生时，间充质干细胞在骨髓中所有细胞的比例为 1/10 000，到青春期15岁时为 1/100 000，30岁时为 1/250 000，50岁时为 1/400 000，到80岁大幅度降至 1/2 000 000，为刚出生时的 1/200。人体衰老过程中，体内干细胞的活性显著下降。因此，干细胞数量减少和活性减弱是人体衰老的重要指征。

衰老的本质是细胞的新老更替出了问题。在内因和外因的共同作用下，每一个细胞都有从生到死的过程；免疫细胞不断清理老化细胞，促进健康细胞新生，细胞的新老更替，维持着正常的人体机能；当细胞的新老更替无法顺畅进行时，人体器官就会出现问题，而这些问题又会进一步影响细胞的新老更替，一旦形成恶性循环，人体就进入了衰老过程。

干细胞之所以具有抗衰老的作用，主要基于以下几个关键原因。第一，干细胞具有自我更新和多向分化的潜能。它们能够分化为各种类型的细胞，包括构成组织和器官的细胞。当机体老化导致某些细胞功能减退或数量减少时，干细胞可以分化补充这些细胞，修复受损的组织和器官，从而恢复其正常功能。第二，干细胞能够分泌多种生物活性因子，如细胞因子、生长因子等。这些因子具有调节免疫、抗炎、促进细胞增殖和分化、抑制细胞凋亡等作用。它们可以改善细胞微环境，增强细胞之间的通讯和协调，提高组织的整体功能和活力。第三，干细胞可以通过调节细胞代谢来对抗衰老。它们能够优化细胞的能

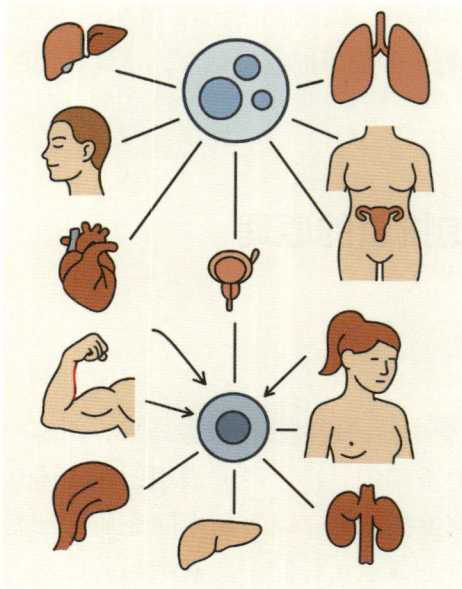

图2-4　干细胞改善器官功能

量产生和物质代谢过程，减少代谢废物的积累，提高细胞的效率和生存能力。第四，干细胞还具有免疫调节作用。随着年龄增长，免疫系统功能下降，容易引发慢性炎症和自身免疫性疾病。干细胞可以调节免疫细胞的活性和平衡，减轻炎症反应，维持免疫系统的稳定，从而有助于延缓衰老相关的疾病发生（图2-4）。

总之，干细胞通过其分化能力、分泌活性因子、调节代谢和免疫等多种机制，发挥着抗衰老的作用，为延缓衰老和改善健康状况提供了新的思路和治疗策略。

56　干细胞抗衰老的原理是什么？

干细胞抗衰老的原理见图2-5。

1. 干细胞能分化为新的功能细胞，替换和修复受损或老化的细胞，促进细胞更新。

2. 干细胞还能够分泌大量的活性因子，释放入人体内能够激活机体的自我修复能力，也会发挥抗衰老作用。

3. 干细胞可以通过分化形成新的神经细胞，有效的改善脑衰老状况。干细胞抗衰老后，老年性痴呆患者的记忆力和智力有明显的提高和恢复。疗效持久、稳定。

4. 干细胞可以诱导分化成新的肺细胞和呼吸道细胞，调节机体的呼吸活动，增强肺功能。

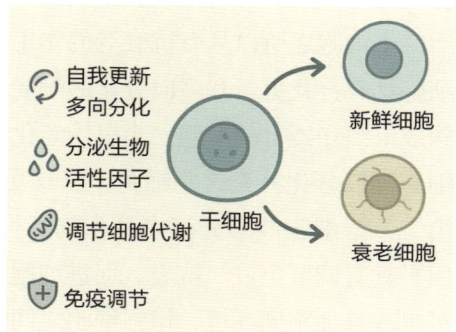

图2-5　干细胞抗衰老的原理

5. 干细胞可以增加皮肤细胞的数量，增加表皮生长因子、透明质酸、胶原蛋白等合成，使松弛的皮肤光滑收紧，恢复弹性，减少皱纹和色素沉着。

6. 干细胞可以增殖分化成骨骼肌细胞，提高骨骼肌细胞活性，使骨骼更强健、肌肉更有力。

7. 干细胞可以靶向促进性激素平衡，对男性的生殖系统起到预防保健效果，不易出现前列腺肥大等症状。同时维护卵巢正常的形态和功能，使生殖系统维持年轻化。

8. 干细胞可以分化形成新的心肌细胞，促进细胞新陈代谢，提高机体对各种脂蛋白的代谢功能，有效改善和预防心脑血管病。

9. 干细胞可以修复消化器官故障，促进胃肠道运动和吸收功能，促进胃肠道和胰腺各种消化酶的合成和分泌，显著提高胃肠功能。

57　衰老是不可抗拒的吗？

衰老是一个自然的生理过程，也是不可抗拒的自然规律，但随着人类科技的进步，我们可以通过一系列高科技手段延缓衰老的进程。如今，现代科技的不断发展，已完全可以实现人类抗衰老的愿望，并已为延缓衰老带来了新的希望，例如细胞治疗、基因治疗等技术的进步，为延缓衰老提供更有效的手段。

延缓衰老，健康的生活方式是基础，例如保持均衡的饮食、适度的运动、良好的睡眠、减少压力、避免不良的生活习惯（如吸烟、酗酒、过度日晒等）。另外，搞好健康保健以及积极治疗和预防慢性疾病也是至关重要的（图2-6）。

虽然我们不能让时间完全停滞，但可以通过努力使衰老的影响最小化，让人们在更长的时间内保持健康和活力。

图2-6　延缓衰老

第三节　人的寿命与衰老

58　人的正常寿命应该是多少？

人的正常寿命理论上可以达到 120 岁左右。这一推测基于多种因素，包括细胞分裂次数的限制、基因对寿命的调控等。

但实际上，由于遗传因素、生活方式、环境因素、医疗条件以及各种疾病等的综合影响，大多数人的寿命远远低于这个理论值。

在全球范围内，不同地区和国家的人均预期寿命存在差异。随着医疗水平的提高、生活条件的改善以及人们对健康的重视，人均预期寿命在逐渐增长。但要达到理论上的最长寿限，还需要克服许多挑战和障碍。

59　哪些因素可以影响寿命的长短？

影响寿命长短的因素众多，主要包括以下方面（图2-7）。

遗传因素　　　生活方式

环境因素　　　医疗条件

心理健康　　　职业因素

图 2-7　影响寿命的因素

1. 遗传因素　遗传基因在一定程度上决定了个体的生理基础和对疾病的易感性。如果家族中有长寿的先例，可能意味着个体具有较好的长寿基因。

2. 生活方式　①饮食：均衡饮食，摄入足够的营养，控制热量，多吃蔬菜水果、全谷物、优质蛋白质，少吃高热量、高脂肪、高糖和高盐的食物，有助于维持身体健康。②运动：适度的身体活动可以增强心肺功能、改善代谢、增强免疫力，降低患心血管疾病、糖尿病等慢性疾病的风险。③睡眠：充足且高质量的睡眠对于身体的修复和恢复至关重要，长期睡眠不足会影响免疫系统和神经系统功能。④吸烟与饮酒：吸烟会增加患癌症、心血管疾病等的风险，过量饮酒也会对肝脏、心脏等器官造成损害。

3．环境因素 ①自然环境：如空气质量、水质、气候等。污染严重的环境可能增加患呼吸系统疾病和其他疾病的概率。②社会环境：包括生活压力、工作环境、人际关系等。长期处于高压力状态可能导致心理和生理健康问题。③医疗条件：先进的医疗技术和普及的医疗服务可以及时诊断和治疗疾病，提高治愈率，延长寿命。④心理健康：积极乐观的心态、良好的情绪调节能力和应对压力的方式有助于维持身心健康。长期的焦虑、抑郁等负面情绪可能影响免疫系统和内分泌系统。⑤职业因素：某些职业可能存在较高的风险，如接触有害物质、高强度体力劳动、长期精神紧张等，会影响健康和寿命。

总之，寿命的长短是多种因素相互作用的结果，通过改善生活方式、优化环境、保持良好的心理状态等，可以在一定程度上提高健康水平和延长寿命。

60 为什么需要抗衰老？

抗衰老不仅是为了保持年轻的外表，更重要的是提高整体健康和生活品质。现代医学表明，许多过去无法治愈的老年疾病现在可以通过早期筛查和干预进行预防。抗衰老的目标是在延缓身体机能退化的同时，减少慢性疾病的发生率，从而让人们在健康状态下享受更长的寿命。

61 什么年龄段需要抗衰老？

人体在25岁左右达到生理巅峰，然而从35岁开始，器官功能和细胞代谢能力就会出现显著下降。此时，人体的基础代谢率下降，细胞对氧气的消耗减少，衰老的迹象逐渐显现。因此，抗衰老的干预应尽早开始，最好是在身体出现明显老化症状之前，以预防为主，通过健康的生活方式和现代医学手段延缓衰老过程。

62 什么是全生命周期抗衰老?

全生命周期抗衰老是指根据不同年龄阶段和器官功能状态,定制有针对性的抗衰老干预措施。不同的器官和组织细胞衰老的速度各不相同,例如大脑和皮肤可能在二十几岁就开始衰老,而肝脏的老化可能在60岁后才显现。因此,依据不同脏器的具体情况进行干预,可以取得最佳的抗衰老效果。抗衰老有哪些有效措施?抗衰老的措施多种多样,除了合理的饮食、充足的睡眠和适度的运动,还可以通过心理平衡、预防疾病等途径来延缓衰老。此外,随着科技的发展,干细胞疗法逐渐成为抗衰老的核心手段之一。这种疗法能够通过补充或激活干细胞,修复受损的组织和器官,维持身体的年轻状态。

第四节　干细胞抗衰老的独特优势

63 干细胞抗衰老有何优势?

1. 可获根本改善　通过肌体内在的本源力量从内到外焕发机体功能,使衰老细胞的更新换代趋于正常,从而达到抗衰老的目的(图2-8)。

2. 安全可靠　干细胞移植技术发展多年,能够延续人体的生命因子,无任何化学成分的纯生物,安全零风险。移植和补充干细胞,意味着不断增加人体各种器官、组织的再造和修复所需的最基本的材料,长期保持生命的巨大活力,能够起到改善亚健康状态,具有抗衰老,延长寿命的作用。

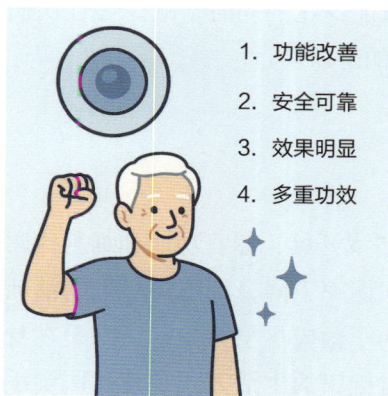

1. 功能改善
2. 安全可靠
3. 效果明显
4. 多重功效

3. 效果明显　首次使用干细胞抗衰老疗法即明显感觉身体各系统机能的综合改善。

4. 多重功效　即可美容及抗衰老,又可预防潜在疾病,防患于未然。

图2-8　干细胞抗衰老的优势

64 干细胞的抗衰老效果多久能出现？

由于每个人的身体情况和衰老症状不一样，不同年龄段的人进行干细胞抗衰老治疗以后，感觉到疗效的时间也会有微小的时间差。正常情况下，在接受干细胞抗衰老治疗后的2～3天，睡眠质量就会明显得到改善。第一周：精神焕发，疲劳消除，面部出现光泽。第二周：睡眠开始改善，体力恢复，全身皮肤开始光滑。第三周：睡眠改善、无疲劳感，消化系统明显改善，全身皮肤更加光滑，细腻。第四周：睡眠彻底改善，体力充沛，性欲增强，面部色斑开始淡化皱纹减轻。第一个月：记忆力增强，皮肤更加光滑，细腻，美白，富有弹性。第二个月：免疫力增强，面部及全身皮肤收紧，身体赘肉减少。第三个月：感觉身体状况较前明显改善，面部色斑消退，精神焕发。第四个月：身体机能及健康恢复青春状态，神采奕奕。第五个月：身体可年轻5～10岁，全面解决亚健康状态，逆转衰老趋势（图2-9）。

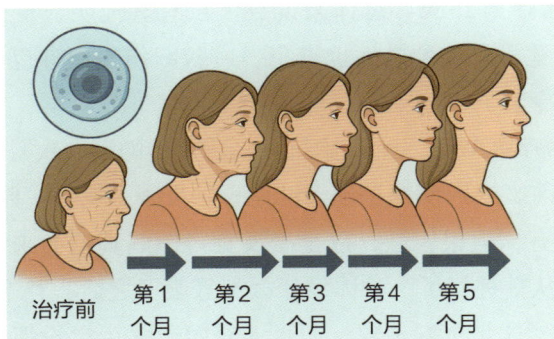

图2-9 干细胞的抗衰老的时间效果

65 干细胞输注后的100天内有何体验和感受？

根据上万名抗衰老人士的现身说法，他们多数人都有以下真实体验和感受（图2-10）。

1. 干细胞输注后一周 ①皮肤和身体出现变化：一周左右皮肤会出现变化，面部感觉更饱满，毛孔也更细腻，皮肤光泽感明显提升，尤其是唇色逐

图2-10 干细胞输注100天的体验和感受

渐变得红润，甚至颈纹也会变浅变淡。身体很轻松，活力四射，亢奋得像个打了鸡血的话唠。②睡眠出现改善：无论是难以入睡，还是早醒，都会出现程度不同的改善。

2. 干细胞输注第10天的身体感受。①一身轻，有精神，早起也不头疼不头晕了。②宿醉恢复得更快。③全身酸痛有所缓解，疲劳感明显减轻。④没运动甚至持续暴食的情况下体重也没增加。⑤皮肤过敏现象较少出现。⑥面部肌肤更滋润饱满，毛孔更细腻，黑头也减少了，干燥、涂粉底起皮的现象也不存在了。

3. 干细胞治疗第25天 总体来说身体没有其他明显变化，精神一直很好，有精力，没觉得累。颈椎病也没犯、肩膀旧伤的地方也没什么感觉，很不错，没那么怕冷。

4. 干细胞治疗第37天 干细胞抗衰老治疗后的第一次月经，来得悄无声息。有些女士之前来姨妈前都是惊天动地——失眠、头疼、腰酸、小腹坠胀。这次不是完全没有，但很轻微，以至于没觉得姨妈真的会来，毕竟一直也没有很准时。但自从精神好了、身体没什么不舒服了之后，整个人积极了很多，也更愿意出门了，这是个好现象。而且人舒服了之后也没那么大脾气，感觉很多事情也没那么着急上火了。

5. 干细胞治疗第65天 之前的感受仍在，有活力有精神，最近发现不但酒量上涨，吃辣的水平也上来了。感觉是不是干细胞增加了整个代谢速度，因为暴食之下也没有爆肥，这点很欣喜。还有就是头发开始多长，发际线在缓慢地向前移动！之前没考虑头发的事情，因为本人头发一直挺多的，只是随着年龄增长，本来就大的脑门变得越来越大，但现在发际线这边开始长出小杂毛。

6. 干细胞治疗第89天 去做了个体检，一切指标正常。之前担心的是子宫肌瘤会不会变大，因为怕干细胞营养太好导致肌瘤变大，也并没有。

7. 最后就是其100天总结　①干细胞在更新、替换老旧细胞的同时，很明显地加快了新陈代谢。②唇色变红润，文唇计划直接抛弃。③精神变很好，也很有精力，从宅女变成天天想出门。④发量增多，发际线前移。每次洗头的脱发量也比之前少了一半以上。⑤对辣椒和酒精更耐受，这个应该就是加快了新陈代谢的关系。⑥没那么容易疲劳，之前受损的颈椎和肩膀也没那么容易不舒服。⑦没那么怕冷，身体更容易发热也更容易出汗，以前就算是夏天出汗也经常有点排不出来的感觉。⑧抵抗力增强，本来每年冬天都会感冒，但今年没有。⑨脸上毛孔小了，小细纹不见了。皮肤没那么敏感了。

总体来说，就是感觉整个人恢复到20多岁的状态，从精神头到身体的轻松程度都大幅增加。现在不容易犯懒，人也更积极，更有行动力，这都是身体的轻松带来的结果。

第三章

干细胞美容

第一节　干细胞美容的概念

66　什么叫干细胞美容?

干细胞美容是一种利用干细胞的特殊生物学特性来进行美容的方法（图3-1）。

1. 干细胞的特性　干细胞具有自我更新和多向分化的能力。自我更新意味着它们可以不断地分裂产生新的干细胞，以维持自身数量的稳定。多向分化能力则是指在特定条件下，干细胞可以分化成多种不同类型的细胞，如皮肤细胞、脂肪细胞、肌肉细胞等。

2. 干细胞在美容中的应用

（1）修复受损皮肤：当皮肤受到损伤时，如晒伤、创伤等，干细胞可以分化为皮肤细胞，促进皮肤的修复和再生，减少瘢痕形成，改善皮肤质地。

（2）延缓衰老：随着年龄的增长，皮肤中的干细胞数量逐渐减少，功能也会下降。通过补充干细胞，可以刺激皮肤细胞的更新和再生，增加胶原蛋白和弹性纤维的产生，从而减少皱纹、松弛等衰老迹象。

（3）改善肤色：干细胞可以促进

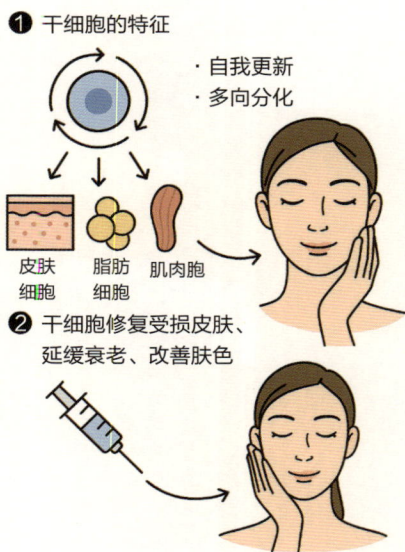

图3-1　干细胞美容

黑色素细胞的代谢，减少色素沉着，使肤色更加均匀、明亮。

67　干细胞美容与普通美容有何区别？

　　普通美容是通过化学合成或从动物体内、人代谢物中（如从尿液中提取尿激酶）分离提取，或利用生物工程（基因工程、细胞工程、酶工程、发酵工程）技术制备起作用，而干细胞制剂则是来自人体组织，主要通过细胞分泌的生物活性因子和细胞复制增殖、多向分化等发挥功效（图3-2）。

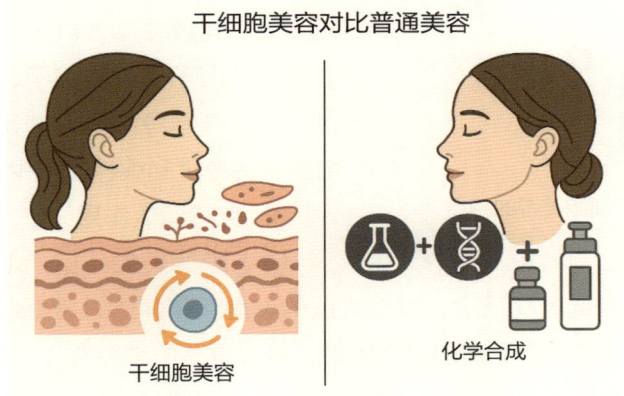

图3-2　干细胞美容与普通美容

第二节　干细胞美容的特点

68　干细胞美容的最大特点和最突出的特征是什么？

　　1. 自我更新与多向分化（图3-3）

　　（1）自我更新能力强：干细胞可以不断地分裂和自我复制，为美容过程提供持续的细胞来源。这意味着它们能够在体内长期发挥作用，持续促进组织修复和再生。

　　（2）多向分化潜能：可以分化为多种不同类型的细胞，如皮肤细胞、脂

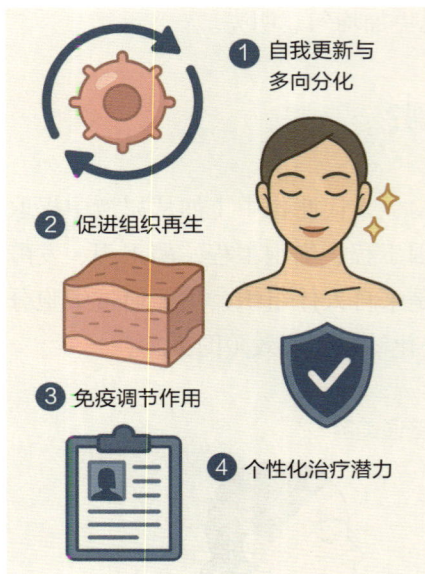

图3-3 干细胞美容的特点

肪细胞、软骨细胞等。在美容领域，这一特性使得干细胞能够针对性地修复受损的皮肤组织，改善皮肤的弹性、紧致度和色泽。

2. 促进组织再生

（1）修复受损皮肤：当皮肤受到外伤、紫外线照射等损伤时，干细胞可以迁移到受损部位，分化为皮肤细胞，促进伤口愈合，减少瘢痕形成。

（2）刺激胶原蛋白生成：能够分泌多种生长因子和细胞因子，刺激胶原蛋白、弹性纤维等细胞外基质的合成，增加皮肤的厚度和弹性，减少皱纹的产生。

3. 免疫调节作用

（1）降低炎症反应：干细胞可以调节免疫系统，降低炎症反应，减轻皮肤的红肿、瘙痒等过敏症状。这对于敏感性皮肤和有炎症性皮肤病的患者来说，具有重要的美容意义。

（2）维持皮肤微环境稳定：通过调节免疫细胞的活性，干细胞可以维持皮肤微环境的稳定，促进皮肤细胞的正常生长和代谢。

4. 个性化治疗潜力

（1）来源多样：干细胞可以从多种组织中获取，如骨髓、脂肪、脐带等。不同来源的干细胞具有不同的特性和优势，可以根据患者的具体需求进行选择。

（2）可定制化治疗：随着技术的发展，未来有望实现根据患者的个体差异，如年龄、肤质、遗传背景等，定制个性化的干细胞美容方案，提高治疗效果和安全性。

69 为什么干细胞面部移植效果显著?

正常情况下，人体的真皮层内分布着大量的干细胞，这些干细胞能够产生支持皮肤年轻态的胶原蛋白、透明质酸、弹性纤维等物质，我们的皮肤看起来光滑有弹性就是因为干细胞的存在。

研究数据表明：人体从25岁开始体内的干细胞就会开始减少，成纤维细胞的活力下降、数量减少，新生细胞补充不足，衰老细胞不能及时的被替代造成肌肤系统功能的下降，表现出细胞不能合成足够的胶原蛋白、弹性纤维和透明质酸。所以，皱纹丛生、色斑加重、肤质粗糙、皮肤屏障脆弱易敏感等，不知不觉中我们就失去了青春容颜。所以说，如果能够修复、恢复皮肤细胞的活力，将是最自然的根源性的抗衰老方式。

经过多年研究临床，干细胞抗衰老已经拥有众多案例。干细胞种植于面部后，借助其自我更新和分化能力，再生性的从基底细胞的本源修复各种损伤性、代谢性和退行性问题，根据皮肤系统的需要，新生出超活性细胞，快速代谢出黑色素等废物，抑制减少色斑产生；年轻细胞具有高超的保水性，足以使衰老的皮肤恢复细腻光滑，同时，合成大量胶原蛋白与弹性蛋白，促使皮肤真皮层的厚度和密度增加，修复塌陷的网状结构，填平皱纹、消除瘢痕、恢复皮肤弹性和光泽。目前有干细胞单纯注射、干细胞联合透明质酸注射等方式的应用；另外，也有研究人员将干细胞上清液或外泌体等特定成分局部应用于面部（图3-4）。

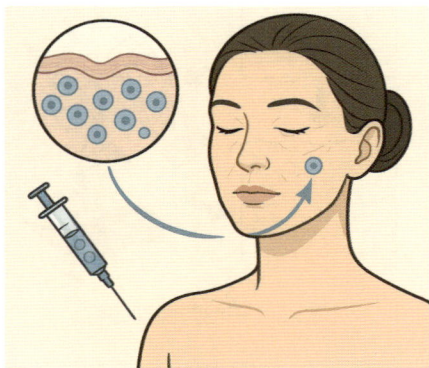

图3-4 干细胞面部移植

干细胞的抗衰老效果，与多种传统治疗方案相比，并不是简单地填充，对于衰老、失去弹性的皮肤来说，它是一种生理性的修复，不会产生免疫排斥反应，恢复皮肤弹性和质地，重回年轻白皙光泽。

干细胞美容的临床应用，更是一种安全、远期疗效理想的面部年轻化治疗方式。因为干细胞具有抑制细胞衰老、修复损伤、促进再生等多种抗衰老的生物学性能，干细胞美容是一种安全、远期疗效理想的面部年轻化治疗方式。

70 为什么干细胞美容被行业内专家誉为"美容的天花板"？

1. 强大的再生修复能力

（1）从根源改善：干细胞可以分化为各种类型的细胞，包括皮肤细胞、脂肪细胞等。当用于美容时，它能够深入皮肤的底层，从细胞层面进行修复和再生。例如，对于因衰老或外部损伤而变薄的皮肤，干细胞可以分化为新的皮肤细胞，增加皮肤的厚度和弹性（图3-5）。

（2）持续作用：与传统的美容方法相比，干细胞的作用更加持久。传统美容产品往往只能在皮肤表面发挥作用，而干细胞能够在体内持续分裂和分化，不断产生新的细胞来维持美容效果。

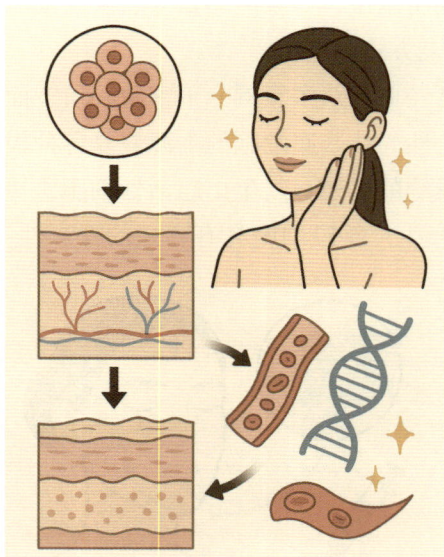

图3-5 干细胞面部美容

2. 全面改善效果

（1）改善多种问题：干细胞美容不仅可以减少皱纹、提升皮肤紧致度，还可以改善肤色不均、淡化色斑、增强皮肤的保湿能力等。它能够对皮肤的多个方面进行综合改善，使肌肤呈现出更加健康、年轻的状态。

（2）整体年轻化：除了对皮肤的直接作用外，干细胞还可以通过分泌生长因子等方式，影响身体的其他组织和器官。例如，它可以促进血液循环，增强身体的代谢功能，从而实现整体的年轻化效果。

3. 高度安全性

（1）自体来源优势：如果使用自体干细胞进行美容，由于是从自身提取的细胞，不会引起免疫排斥反应，大大降低了风险。即使使用异体干细胞，经过严格的筛选和处理，也可以保证较高的安全性。

（2）天然修复机制：干细胞的作用机制是基于人体自身的修复系统，它通过激活和增强身体的再生能力来实现美容效果，与一些化学合成的美容产品相比，更加符合人体的生理规律，减少了潜在的副作用。

4．前沿科技优势

（1）代表先进技术：干细胞美容是生物医学领域的前沿技术，它融合了细胞生物学、分子生物学等多学科的知识。随着科技的不断进步，干细胞美容的技术也在不断创新和完善，为人们提供了更加高效、安全的美容选择。

（2）未来发展潜力：目前，干细胞美容仍处于不断发展的阶段，研究人员正在探索更多的应用领域和治疗方法。在未来，干细胞美容将成为美容领域的主流趋势，为人们带来更加卓越的美容效果。

第三节　干细胞美容的方式

71　干细胞美容的方式主要有哪几种（图3-6）？

1．使用干细胞护肤品　也就是用干细胞原液（又称上清液）制做的高级营养护肤品，其主要成分是外泌体、细胞生长因子、高价营养物质，涂抹后可以使皮肤变得细腻、白皙、光洁度提高、皱纹变浅、色斑变淡等，而且最大的特点是无毒无害无添加，传统的化妆品中"无铅不亮、无汞不白"，而干细胞原液中则无任何有毒元素，所以是化妆品最安全的一种类型。

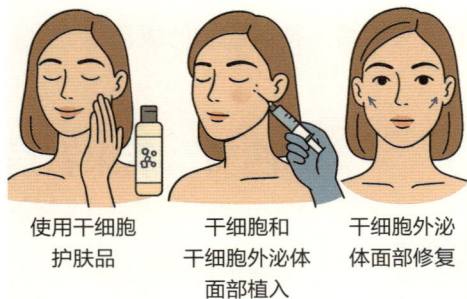

使用干细胞护肤品　　干细胞和干细胞外泌体面部植入　　干细胞外泌体面部修复

图3-6　干细胞美容方式

2．干细胞和干细胞外泌体面部植入　用设备将干细胞或干细胞外泌体均匀地注入面部皮肤和皮下，全面滋养皮肤、修复损伤，并预防中老年面部皮肤肌肉组织的塌陷。作用可维持半年到一年。

3．干细胞外泌体面部修复　将干细胞局部注射到皱纹如鱼尾纹、川字纹、嘴角纹、鼻背纹、法令纹、颈纹等处进行修复，对深凹的薄弱处进行填补等，均能取得良好效果。

72 什么叫干细胞整形？

干细胞整形就是采用干细胞移植的方法进行整形手术（图3-7），比如常见的隆乳手术。凹陷畸形、小乳、颜面萎缩、皱纹过多、瘢痕、皮肤难以愈合的伤口等都是整形外科常见疾病，严重的会影响患者容貌和形象，造成心理负担，不利于身心健康。以前施行的脂肪移植手术可以纠正这些畸形，但无论是脂肪注射移植还是脂肪块移植，成活率都不理想。而如今的间充质干细胞移植，则可以达到较好的治疗效果。用于一致的间充质干细胞，主要有脂肪间充质干细胞、骨髓间充质干细胞、脐带间充质干细胞等，其中用的最多的是自体脂肪间充质干细胞。干细胞移植整形的优势是：可以促进细胞再生和血管形成，大大提高抑制细胞的成活率，且自然逼真，疗效持久。

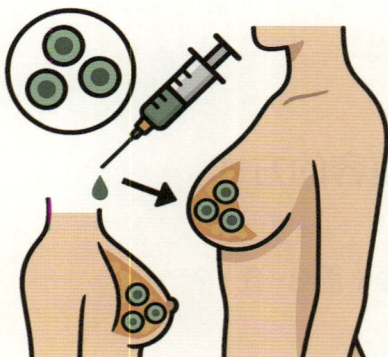

图3-7　干细胞整形

第四节　后来者居上的干细胞外泌体

73 什么叫干细胞外泌体？

2013年，美国科学家詹姆斯（Jamesh）和兰迪（Randy）、德国科学家托马斯（Thomas）发现细胞外泌体运输调控机制，使得外泌体研究达到新的高度，并因此获得了2013年诺贝尔生理学或医学奖。外泌体是一种由细胞分泌的微小囊泡，直径通常在30～150纳米。外泌体具有多种重要作用：①细胞间通信：它们能够携带蛋白质、脂质、核酸（如微小RNA、mRNA等）等生物活性物质，在细胞之间传递信息，调节受体细胞的生理活动和功能。②免疫调节：

可以影响免疫细胞的激活、分化和功能，参与免疫反应的调节。③组织修复与再生：在损伤修复过程中发挥作用，促进细胞增殖、迁移和分化，有助于组织的修复和再生。④疾病诊断标志物：其内容物的变化可能与某些疾病的发生、发展相关，因此可作为疾病诊断的潜在标志物（图3-8）。

在美容领域，外泌体也被认为具有一定的应用潜力，例如改善皮肤状态、促进皮肤细胞的再生等。但外泌体的相关研究仍在不断深入和拓展中。

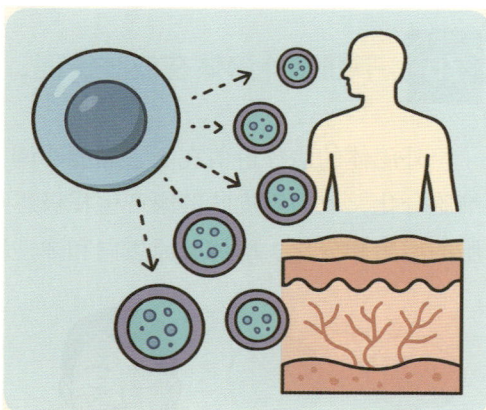

· 细胞间通信
· 免疫调节
· 组织修复与再生
· 疾病诊断标志物

图3-8　干细胞外泌体

74　外泌体与干细胞有什么关系？

干细胞具有自我更新和分化为多种细胞类型的能力。在其生理活动中，干细胞会分泌外泌体，是干细胞的一个组成部分（图3-9）。

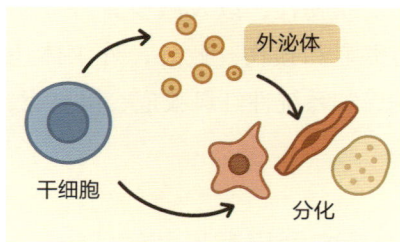

图3-9　外泌体与干细胞

外泌体可以被视为干细胞发挥作用的一种重要方式。干细胞分泌的外泌体中包含了多种生物活性物质，如蛋白质、脂质、核酸等，这些物质能够传递信息、调节细胞功能，加强和促进干细胞的作用。同时，外泌体相较于干细胞还具有一些优势，如外泌体的使用相对简单，不存在干细胞应用中可能涉及的细胞增殖、分化控制以及免疫排斥等复杂问题。

总之，干细胞和外泌体虽然不同，但外泌体在一定程度上反映和传递了干细胞的生物学效应。

75   干细胞外泌体在皮肤护理、美容方面有何治疗价值？

外泌体的治疗价值在于它们能够调节细胞的微环境、调节基因表达和诱导细胞分化，从而对皮肤健康产生积极影响。研究表明，外泌体可以促进皮肤细胞的增殖和分化，增加胶原蛋白和弹性纤维的合成，从而改善皮肤的弹性和紧致度。一项临床研究中，将外泌体应用于面部皮肤松弛的患者，经过一段时间的治疗后，患者的皮肤弹性明显改善，皱纹减少（图3-10）。

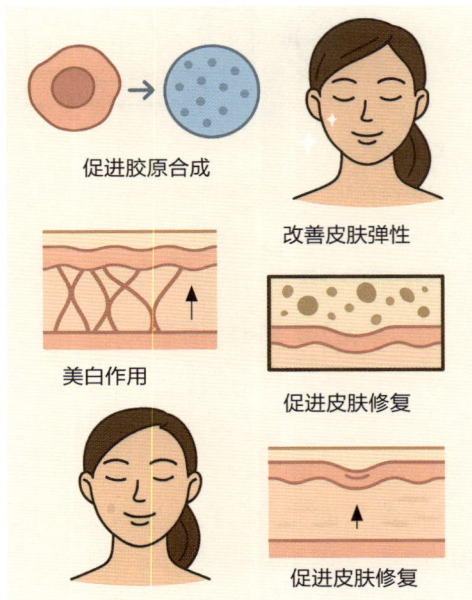

促进胶原合成

改善皮肤弹性

美白作用

促进皮肤修复

促进皮肤修复

图3-10　外泌体与美容

外泌体还可以调节皮肤的色素沉着，减少色斑的形成。一项研究发现，外泌体可以抑制黑色素细胞的活性，减少黑色素的合成，从而达到美白的效果。此外，外泌体还可以促进皮肤的修复和再生，加速伤口愈合，减少瘢痕的形成。

在化妆品方面，外泌体已被用于减少皱纹、改善皮肤纹理和水分、增强皮肤弹性，以及减少紫外线引起的炎症和损伤。此外，外泌体还被用于促进皮肤伤口的组织再生和治疗皮肤病，如系统性红斑狼疮、银屑病、特应性皮炎、系统性硬化、白癜风和毛发生长。

76   干细胞外泌体在皮肤美容和疾病治疗方面具有哪些优势？

1. 安全性更高　外泌体是细胞分泌的天然产物，免疫源性低，安全性高。与细胞治疗相比，外泌体治疗不会引起免疫排斥反应和肿瘤形成等风险。

2. 稳定性更好　外泌体具有较好的稳定性，可以在体外保存较长时间。与细胞治疗相比，外泌体治疗不需要复杂的细胞培养和保存条件，便于运输和使用。

3. 靶向性更强　外泌体可以通过表面的特定分子与靶细胞结合，具有较强的靶向性。与传统的药物治疗相比，外泌体治疗可以提高药物的疗效，减少药物的不良反应。

4. 功能更多　外泌体内部含有多种生物学大分子，可以发挥多种生物学功能。与单一的药物治疗相比，外泌体治疗可以同时调节多个信号通路，具有更好的治疗效果。

5. 价格相对便宜　总之，外泌体作为一种新兴的治疗手段，在皮肤美容和疾病治疗方面具有广阔的应用前景。随着研究的不断深入，相信外泌体将会为人类的健康和美丽带来更多的惊喜。

近些年来，干细胞外泌体发展速度极快，应用范围已从皮肤美容扩展到了临床医疗的各个专业领域，在很多疾病的治疗上甚至显示出了无可比拟的优越性（图3-11）。干细胞外泌体发展速度极快，应用范围已从皮肤美容扩展到了临床医疗的各个专业领域，在很多疾病的治疗上甚至显示出了无可比拟的优越性。

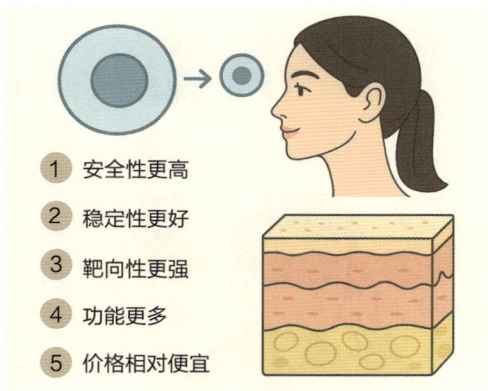

1　安全性更高
2　稳定性更好
3　靶向性更强
4　功能更多
5　价格相对便宜

图3-11　干细胞外泌体在皮肤美容和疾病治疗的优势

第四章

干细胞调理亚健康

77 何谓亚健康？

所谓亚健康，就是指某些人介于健康与不健康之间。你说他健康吧，他常常感到不舒服，而且有临床症状，你说他不健康吧，他又没构成疾病。这就是我们通常所说的亚健康状态（图4-1）。

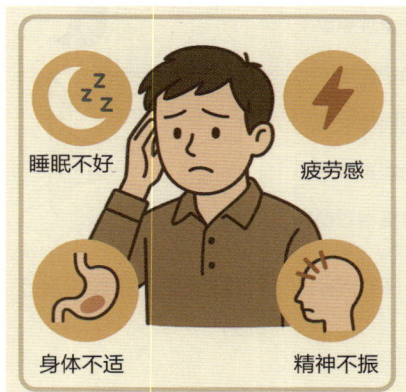

图4-1 亚健康

医学上称亚健康状态是一种非病非健康的状态，是一种临界的或"灰色"的状态。它是人体处于健康和疾病之间的过渡阶段，在身体上、心理上没有疾病，但却有许多不适的症状和心理体验。如果这种状态不能得到及时的纠正，非常容易引起疾病。

随着现代生活节奏的加快，人们面临着生活和工作的双重压力，越来越多的人处于亚健康状态。美国加州医院曾经解剖了300例车祸去世的年轻人，他们正值壮年，生前是"健康"的，有活力的，但解剖结果是，他们的血管都有不同程度的堵塞。当然，他们并不会被称为心血管病患者，因为还没到堵得缺血或者走不动。这样的情况，实际就是被人们忽略的亚健康和慢性疾病。

78 亚健康的根源何在？

亚健康的根源在于衰老，人的衰老是从25岁开始的，那时候出现的衰老叫基因衰老，基因衰老不表现出任何症状；35岁前后出现的衰老叫细胞衰老。细胞衰老就会表现出临床症状，这些症状被称作亚健康状态。

79 哪些因素可以加速亚健康的进程？

1. 生活方式因素（图4-2）

（1）饮食不健康：如过度摄入高热量、高脂肪、高糖食物，如油炸食品、甜品等，容易导致肥胖、高血脂、高血糖等问题，进而影响身体的正常代谢和生理功能；饮食不均衡，缺乏蔬菜、水果、全谷物等富含维生素、矿物质和膳食纤维的食物，会使身体缺乏必要的营养物质，影响免疫系统、神经系统等的正常功能；不规律饮食，如暴饮暴食、过度节食、不吃早餐等，会打乱消化系统的正常节律，引发胃肠疾病，同时也会影响身体的能量供应和代谢。

图4-2 加速亚健康的因素

（2）缺乏运动：长期久坐不动，身体缺乏足够的活动量，会导致肌肉萎缩、关节僵硬、血液循环不畅等问题；缺乏运动还会使身体的代谢率降低，脂肪堆积，增加肥胖、心血管疾病等的风险；运动不足也会影响免疫系统的功能，使身体的抵抗力下降。

（3）睡眠不足：现代生活节奏快，工作压力大，很多人经常熬夜、加班，导致睡眠不足。睡眠不足会影响身体的恢复和修复功能，使身体疲劳、免疫力下降、神经系统功能紊乱等。长期睡眠不足还会增加患抑郁症、焦虑症等心理疾病的风险。

2. 心理因素

（1）压力过大：工作压力、生活压力、学习压力等长期过大，会使身体处于应激状态，分泌过多的应激激素，如肾上腺素、皮质醇等。这些激素会影响身体的免疫系统、神经系统、内分泌系统等的正常功能，导致身体出现各种不适症状。压力过大还会引发心理问题，如焦虑、抑郁、烦躁等，进一步影响身体健康。

（2）情绪问题：长期的负面情绪，如愤怒、悲伤、恐惧等，会影响身体的生理功能。例如，愤怒会使血压升高、心率加快；悲伤会抑制免疫系统的功能；恐惧会影响神经系统的正常功能；情绪问题还会影响饮食、睡眠等生活习惯，进一步加重亚健康状态。

3. 环境因素

（1）环境污染：空气、水、土壤等环境污染会使身体接触到各种有害物质，如重金属、农药、化学物质等。这些有害物质会进入人体，影响身体的正常代谢和生理功能，增加患癌症、心血管疾病等的风险。环境污染还会影响呼吸系统、免疫系统等的功能，使身体容易出现过敏、哮喘、呼吸道感染等问题。

（2）噪声污染：长期处于噪声环境中，会使身体产生应激反应，分泌过多的应激激素，影响身体的正常功能。噪声还会影响睡眠质量，使身体疲劳、注意力不集中、记忆力下降等。

（3）电磁辐射：现代生活中，人们接触到的电磁辐射越来越多，如手机、电脑、电视、微波炉。长期接触电磁辐射会影响身体的神经系统、免疫系统、生殖系统等的功能，增加患癌症、心血管疾病等的风险。

4. 其他因素   如吸烟、酗酒等不良生活习惯会对身体造成严重的伤害。吸烟会损伤呼吸系统、心血管系统等，增加患肺癌、心脏病等的风险；酗酒会损伤肝脏、神经系统等，增加患肝病、神经系统疾病等的风险。

5. 遗传因素   一些人可能由于遗传因素，天生就具有某些易患亚健康的体质。例如，某些人可能具有过敏体质、易疲劳体质等。

6. 医疗保健因素

（1）缺乏定期的体检和保健意识，不能及时发现身体的潜在问题。

（2）不合理的用药、过度医疗等也可能对身体造成伤害，加重亚健康状态。

80   亚健康有哪12大临床表现？

亚健康的临床表现有多种形式，主要有12种（图4-3）。

图4-3　亚健康的临床表现

1. 身体疲劳　总是感到身体沉重、疲倦不堪，即使经过充分休息也难以完全恢复活力。

2. 睡眠问题　①失眠：入睡困难，躺在床上辗转反侧，难以进入睡眠状态。②多梦：睡眠中频繁做梦，梦境纷扰，影响睡眠质量。③易醒：睡眠较浅，容易被轻微的声音或动静惊醒。

3. 疼痛不适　①头痛：时常发作，可能是隐隐作痛，也可能是剧烈疼痛。②肩颈酸痛：长时间保持一个姿势或过度劳累后，肩颈部位出现酸痛、僵硬。③腰背疼痛：腰部和背部容易感到疼痛，尤其是在长时间站立或坐着后。

4. 消化紊乱　①食欲不振：对食物缺乏兴趣，没有胃口，进食量明显减少。②腹胀：腹部感觉胀满，不舒适，有时还会伴有肠鸣音。③便秘或腹泻：肠道功能失调，时而便秘，排便困难；时而腹泻，大便不成形。

5. 免疫力下降　容易感冒、咳嗽，且患病后恢复时间较长。对疾病的抵抗力明显减弱。

6. 皮肤问题　①面色暗沉：脸色失去光泽，显得暗淡无光。②皮肤粗糙：反肤变得粗糙，缺乏弹性，可能还会出现干燥、起皮等现象。③长痘或粉刺：皮肤容易出现痘痘、粉刺等问题，尤其是在面部、背部等部位。

7. 视物模糊 眼睛容易疲劳，出现视物模糊、干涩、酸胀等症状。

8. 记忆力减退 常常忘记事情，记忆力明显不如以前，对近期发生的事情容易遗忘。

9. 情绪波动 ①焦虑：内心不安，总是担心各种事情，难以放松。②抑郁：情绪低落，对生活失去兴趣和热情，感到无助和绝望。③烦躁易怒：容易发脾气，情绪不稳定，对小事也会感到烦躁。

10. 性功能减退 在性生活方面出现问题，如性欲降低、性功能障碍等。

11. 头晕目眩 时不时感到头晕，甚至出现眩晕的症状，可能还会伴有恶心、呕吐。

12. 心慌气短 心脏跳动不规律，有时会感到心慌；呼吸急促，稍微活动一下就会气喘吁吁。

81 亚健康有哪三大特征？

第一个特征是疲劳综合征，即易疲劳，运动后恢复慢，忙碌后感到疲惫不堪（图4-4）。

疲劳综合征　　　　睡眠障碍　　　　功能衰退

图4-4 亚健康的特征

第二个特征是睡眠障碍，睡眠变差，难入睡，易早醒。

第三个特征是器官和组织功能的衰退，如喝酒易醉、起夜增多、记忆力减退、性功能直线下降等。

第一节　亚健康的危害

82　亚健康有何危害？

亚健康状态可带来很多危害（图4-5）。

1. 亚健康是大多数慢性非传染性疾病的疾病前状态，大多数恶性肿瘤、心脑血管疾病和糖尿病等均是亚健康人群。

2. 亚健康状态明显影响工作效能和生活、学习质量，甚至危及特殊作业人员的生命安全，如高空作业人员和竞技体育人员等。

3. 心理亚健康极易导致精神心理疾患，甚至造成自杀和家庭伤害。

4. 多数亚健康状态与生物钟紊乱构成因果关系，直接影响睡眠质量，加重身心疲劳。

5. 严重亚健康可明显影响健康寿命，甚至造成英年早逝、早病和早残。

图4-5　亚健康的危害

83　哪些是亚健康的易发人群？

亚健康的易发人群主要有：精神负担过重的人，脑力劳动繁重者，体力劳动负担比较重的人，人际关系紧张的人，长期从事简单、机械化工作的人（缺少外界的沟通和刺激）；压力大的人，生活不规律的人，饮食不平衡、吸烟、酗酒的人（图4-6）。

图4-6 亚健康的易发人群

第二节 亚健康的治疗

干细胞治疗亚健康的适应证有哪些?

干细胞治疗亚健康的适应证见图4-7。

1. 预防衰老群体 要求维持机体年轻化、面部美容年轻化的人群。

2. 特殊群体 高压力、工作紧张、亚健康人群。

3. 内分泌及性功能衰退人群 男性、女性性功能下降、减退,女性月经失调、内分泌紊乱,卵巢功能早衰、更年期提前,睡眠、情绪欠佳等。

4. 机体未老先衰人群 机体衰老,缺乏活力,易疲倦,组织器官功能老化等。

5. 心血管系统功能退变人群
动脉硬化、老化，冠状动脉硬化、狭窄，血压增高等。

6. 内脏器官功能退化人群 心、肝、肺、肾、胃肠等器官功能衰退或下降。

7. 骨骼运动系统退变人群 骨质疏松，骨关节增生疼痛，骨关节退变，关节炎，肌肉、韧带、肌腱功能退化，运动及活动能力下降等。

8. 免疫系统衰退人群 免疫力弱，易感冒或患感染性疾病等。

9. 血液系统功能衰退人群 血脂高，血黏稠度高，血液流变学改变等。

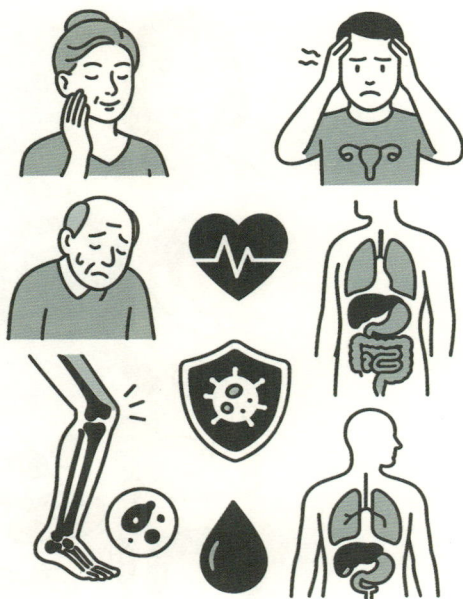

图4-7 干细胞治疗亚健康的适应群体

85 干细胞治疗亚健康会出现哪些疗效？

干细胞就像是身体里的"超级修理工"，它们能变成身体需要的各种细胞，修复受损的地方，替换体内受损或老化的细胞，促进组织器官的修复与再生（图4-8）。

1. 外在变化主要有皮肤变光滑、润泽，肤色变白；细小皱纹减轻、变浅，面部色斑变淡；头发可出现增多、白转黑现象，全松弛的皮肤开始变得紧致以及肌肉变得紧实，女性乳房、臀部变得紧致富有弹性。

2. 免疫力增强，原来易感冒的人不易再感冒。

3. 睡眠改善，不容易疲倦，精力充沛，记忆力好转。

4. 肌肉变得有力，腰膝酸软疼痛症状减轻。

5. 食欲好转，腹胀、便秘现象减轻甚至消失，肠炎症状好转。

6. 男性性功能改善，前列腺肥大增生减轻好转；女性卵巢功能早衰患者

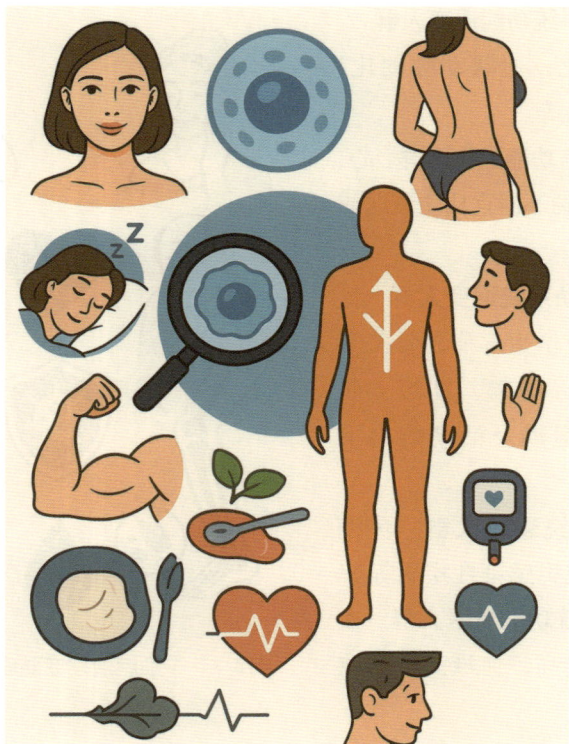

图4-8　干细胞治疗亚健康疗效

月经的恢复，更年期症状的改善，女性乳房及臀部变得紧致有弹性。

7. 代谢率提高，脂肪重新分布，机体年轻态的恢复。

8. 全面提高人体机能，改善人体退变现状，使机体保持青春活力和年轻状态。

9. 血脂、血糖、血压等体检指标可能出现改善的情形。

86　干细胞为什么可以治疗慢性疲劳综合征?

这是因为：干细胞具有自我更新和多向分化的潜能，理论上可能通过以下几种方式对慢性疲劳综合征产生一定的作用（图4-9）。

1. 组织修复和再生　慢性疲劳综合征可能与身体多个器官和系统的功能受损有关。干细胞可以分化为特定的细胞类型，如心肌细胞、肝细胞、神经细胞等，从而修复受损的组织和器官。例如，干细胞可能有助于修复受损的心肌组织，改善心脏功能，从而减轻疲劳症状。

2. 免疫调节　慢性疲劳综合征患者常伴有免疫系统的异常。干细胞可以调节免疫系统的功能，抑制过度的免疫反应，减轻炎症反应。例如，间充质干细胞可以分泌多种免疫调节因子，如白细胞介素-10、转化生长因子-β等，抑制T细胞的活化和增殖，调节免疫平衡。

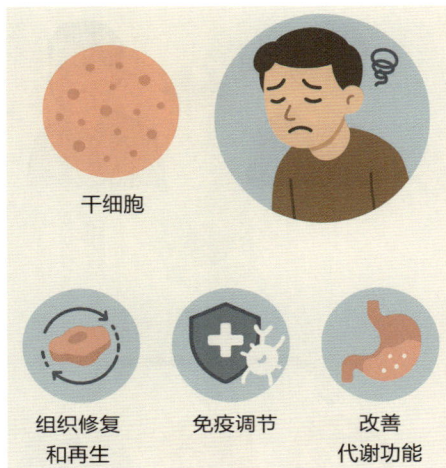

干细胞

组织修复和再生　免疫调节　改善代谢功能

图4-9　干细胞与慢性疲劳综合征

3. 改善代谢功能　慢性疲劳综合征患者多存在代谢功能紊乱，如能量代谢障碍、氧化应激增加等。干细胞可以通过改善代谢功能，提高身体的能量水平，减轻氧化应激损伤。例如，干细胞可以促进线粒体的生物合成，提高细胞的能量产生能力；同时，干细胞还可以分泌抗氧化因子，减轻氧化应激对细胞的损伤。

需要强调的是，目前干细胞疗法仍存在许多不确定性和风险。干细胞的来源、质量、安全性和有效性等问题需要进一步研究和解决。在考虑使用干细胞疗法治疗慢性疲劳综合征时，应谨慎选择临床经验丰富的医师进行咨询和评估。同时，目前对于慢性疲劳综合征的治疗，仍应进行综合治疗，包括生活方式调整、心理治疗、药物治疗等。

87 干细胞疗法怎样使你摆脱亚健康状态？

亚健康状态是指处于疾病和健康之间的一种状态，无法找到特定问题的原因，常见症状包括疲劳、记忆力减退、头晕、失眠、消化不良、心理不适、神经紧张等。

人的身体健康往往是微妙平衡的结果。然而，现代人由于工作压力、生活不规律、环境污染等诸多因素，处于一种"亚健康状态"中，意味着身体

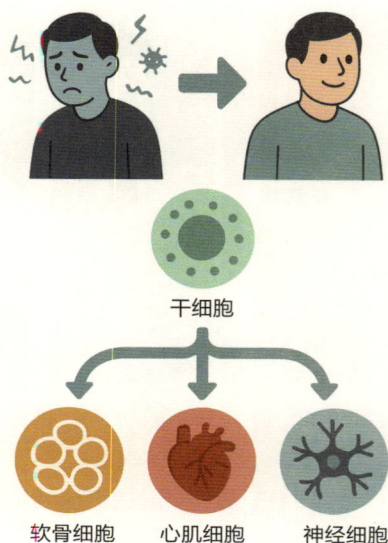

图4-10　摆脱亚健康状态

没有得到充分的维护和保养，头昏眼花、胃口不好、体力不足等小毛病此起彼伏。但这些"小毛病"可大可小，严重的亚健康状态进而导致肌肉、骨骼、神经等疾病，从而影响我们的生活和工作，甚至还会逐渐进展为各种疾病的前兆。

那么，干细胞疗法是怎样帮您摆脱亚健康状态的呢（图4-10）？

干细胞在体内具有卓越的再生和修复能力，能够分化成各种不同类型的细胞，并进一步实现组织修复。对许多心、血管等疾病，甚至是因年龄、创伤或某些遗传性疾病引起的各种退化问题，干细胞疗法均有望成为治疗方法。

当人体处于亚健康状态时，一些细胞的分化失去了平衡，这导致了一系列小毛病发生，例如免疫力下降、绒毛膜发育不良和减缓腺体功能等。同时，这种长期的亚健康状态也会削弱身体的天然愈合机构，从而让更多的抵抗力差的感染和疾病入侵身体。

通过干细胞疗法，可以将大量分化潜力强的干细胞注入体内，通过稳定人体内环境，对受损组织进行再生和修复，增强正常组织的形态、韧性和机能，从而帮助人体摆脱亚健康状态。例如，干细胞能够分化为软骨细胞，帮助修复因关节软骨磨损、炎症等引起的关节疼痛和僵硬感。干细胞也可以分化为心肌细胞，用于修复心肌梗死等心脏病变。干细胞还能分化为神经细胞，帮助恢复中枢神经系统受损的功能。

因此，干细胞疗法是一种有望改善亚健康状态的治疗方法，能够提高身体的自愈能力，在增强身体抵抗力的同时，也能够修复受损的组织功能。

需注意的是，干细胞治疗效果因个体差异而存在差异。每个人对细胞疗法吸收不同，改善效果也不一样。治疗前需与医生进行深入的交流和了解，选择一种适合自己的治疗方案，才能达到最好的治疗效果。

88 亚健康需要使用免疫细胞疗法吗？为什么？

在纠正亚健康状态时，最好是在补充干细胞的同时，适当使用免疫细胞；免疫细胞疗法不仅在防治肿瘤方面有突出成果，而且还能对人体整体功能状态进行调理，恢复机体免疫功能，从而在亚健康防治方面产生积极作用。

人处于亚健康状态时，会持续造成人体细胞免疫功能低下。21世纪的医学所追求的已不是"更好地治病"，而是"让人生活得更健康"。作为我们人体的生命卫士，免疫细胞一直是我们抵御各种外来"入侵者"和内部"叛变者"的核心力量。美国南加州大学的研究人员在《美国国家科学院院刊》上发表了一篇研究论文。该研究表明，在亚健康疲劳状态及高压力时，正在加速免疫系统的老化，可能增加一个人患癌症、心血管疾病和感染新冠等疾病的风险，这项研究有助于阐明压力加速免疫衰老的机制。另外，北京协和医院在 *Aging*（《衰老》）杂志发表文章，分析了1068名健康人外周血淋巴细胞及其亚群随着年龄变化因素数量和比例发生的改变。数据显示，随着年龄增加，特异性免疫中发挥细胞免疫功能的细胞不管是在数量上，还是在功能上均发生不同程度的降低，而年龄、精神压力、睡眠不足、工作过度、营养不足等都会降低NK细胞的活性，使其在病变细胞面前溃不成军，身体逐渐演变为亚健康状态。研究证实：免疫细胞可以改善人体亚健康状态，既能抵抗、消灭入侵人体的病菌，又能清除自身衰残、癌变的细胞；不仅能消灭体内残存的衰老系统，还能有效提高机体免疫系统的应答水平，恢复细胞正常的生长调节，为恢复机体健康提供了新的途径。因此，免疫细胞在亚健康调理中，有着不可或缺的积极作用。

89 免疫细胞属于干细胞吗？

如今谈到干细胞治疗，人们通常会把免疫细胞归类于干细胞，认为免疫细胞是一种专门用于提升免疫力、预防和治疗癌症的干细胞。从科学的层面和专业的角度来说，这种认识不准确，以下内容简述了它们的不同之处。

1. 定义与功能不同

（1）免疫细胞：是指参与免疫应答或与免疫应答相关的细胞，如 T 细胞、

B 细胞、自然杀伤（NK）细胞等。其主要功能是识别和清除侵入机体的病原体、异物以及体内衰老、死亡或突变的细胞，维持机体的免疫稳态。

（2）干细胞：是一类具有自我更新和多向分化潜能的细胞。它们可以分化为各种不同类型的细胞，在组织修复和再生中发挥重要作用。

2. 来源不同

（1）免疫细胞：主要来源于骨髓、脾脏、淋巴结等免疫器官以及外周血。

（2）干细胞：可以分为胚胎干细胞和成体干细胞。胚胎干细胞源于早期胚胎，成体干细胞存在于各种组织器官中，如骨髓干细胞、神经干细胞等。

3. 特性不同

（1）免疫细胞：通常具有特定的免疫功能，其寿命相对较短，在完成免疫任务后可能会死亡或被清除。

（2）干细胞：具有自我更新能力，可以不断产生新的干细胞，同时具有多向分化潜能，可以分化为多种不同类型的细胞。

第五章

干细胞治疗疾病

第一节　细胞治疗常识

90 何为细胞治疗？

　　细胞治疗是指使用源于人自体或异体的干细胞和免疫细胞，经体外操作后回输（或植入）人体的治疗方法。这种体外操作包括细胞在体外的分离、纯化、诱导、扩增、传代和筛选，以及经药物或其他能改变细胞生物学功能的处理（图5-1）。

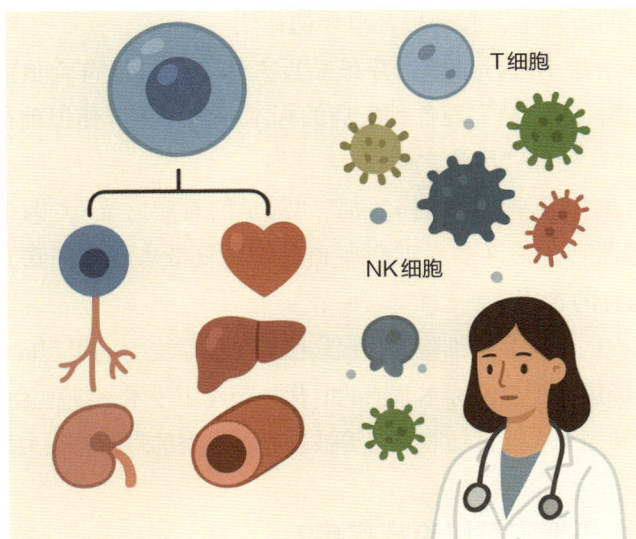

图5-1　细胞治疗

细胞治疗主要包括两大方面，一是干细胞与再生医学，二是免疫细胞。

1. 干细胞和再生医学　干细胞是一类具有自我复制和多向分化潜能的细

胞。由于干细胞可以从细胞这个层面修复组织损伤，并具备免疫调节等功能，所以，不仅可以抗衰老、亚健康调理，还可以治疗各种疾病包括以前被认为是不治之症的疾病。

利用干细胞特有的包括神经细胞、心肌细胞、血管内皮细胞、肾脏细胞和肝脏细胞等在内的多项分化能力，治疗临床上用常规手段治疗效果不佳的变形、坏死性和损伤性疾病，具有显著的、独特的临床疗效，这种以再生、再造、代替和新生为基本治疗原理的现代干细胞移植治疗技术被称为再生医学。再生医学是现代临床医学的一种崭新的治疗模式，对医学治疗理论、治疗和康复方针的发展有重大影响，也是近年来包括中国在内的世界各国政府重点发展和研究的高科技领域和学术制高点之一。

2. 免疫细胞　免疫细胞是指参与免疫应答和免疫应答相关的细胞，包括淋巴细胞、树突状细胞、单核巨噬细胞、粒细胞、肥大细胞等。免疫细胞可以分为多种，它们在人体中担任着重要的角色，是人体防御保护系统的重要组成部分，最常见的有 T 细胞、B 细胞、NK 细胞等。它们相当于人同意的"国防军"，在抵御细菌病毒等病原微生物的侵袭、阻止癌前期细胞向癌细胞演变及其与癌细胞的搏杀中，起到极其重要的作用。

作为一种治疗手段，细胞治疗最贴近人体生理，最符合治疗需求，也最安全（无毒无害），最易实现各种疾病的标本兼治，可以使以前很多"不治之症""难治之症"变成"可治之症"。

干细胞已被誉为"生命的修复剂""医学的希望之光"，因为它有望重建受损的组织和器官，为许多疑难病症和损伤修复带来康复的曙光，给无数患者带来前所未有的希望。

作为第三次医学革命，细胞治疗疾病已成为医学史上的里程碑，它标志着人类治疗疾病已经进入了全面标本兼治的时代，药物＋手术＋细胞治疗，将会使许多绝症如恶性肿瘤和多器官功能衰竭等被攻克，人类的寿命将会大大延长。

91　为什么干细胞可以治疗疾病？

干细胞可以治疗疾病，主要有以下机制（图 5-2）。

1. 多向分化潜能　干细胞具有多向分化的能力，可以在特定的条件下分化为不同类型的细胞。比如间充质干细胞可以分化为骨细胞、软骨细胞、脂肪细胞、肌肉细胞等。当身体的某个组织或器官出现损伤或病变时，干细胞可以分化为相应的细胞类型，补充受损组织或器官的细胞数量，促进其修复和再生。

2. 免疫调节功能　干细胞能够调节免疫系统的功能。在一些自身免疫性疾病中，免疫系统会错误地攻击自身组织，而干细胞可以抑制过度活跃的免疫反应，减少免疫细胞对自身组织的损害。同时，干细胞也可以增强机体的免疫力，提高对病原体的抵抗能力。

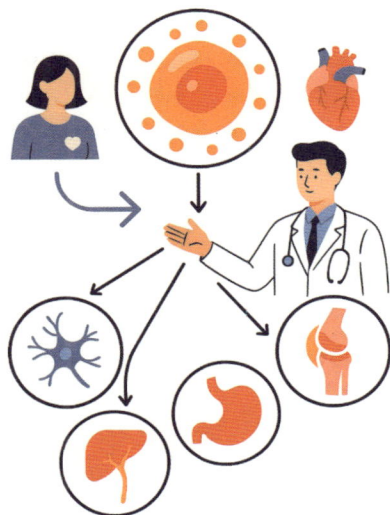

图5-2　干细胞治疗疾病

3. 旁分泌作用　干细胞可以分泌多种生物活性物质，如生长因子、细胞因子和趋化因子等。这些物质可以促进细胞的增殖、分化和迁移，抑制细胞凋亡，调节炎症反应等。例如，干细胞分泌的血管内皮生长因子可以促进血管生成，为受损组织提供营养和氧气；分泌的胰岛素样生长因子可以促进细胞的生长和修复。

4. 低免疫原性　干细胞的免疫原性较低，不容易引起免疫排斥反应。这使干细胞可以在不同个体之间进行移植，为治疗多种疾病提供了可能。

综上所述，干细胞凭借其多向分化潜能、免疫调节功能、旁分泌作用和低免疫原性等特点，可以在治疗多种疾病中发挥重要作用。

92　干细胞在治疗疾病方面具有哪些特点和优势？

1. 多向分化潜能　干细胞具有分化为多种细胞类型的能力，可以根据身体的需要分化为特定的细胞，以修复受损组织和器官。例如，在治疗神经系统疾病时，神经干细胞可以分化为神经元和神经胶质细胞，促进神经再生；在治疗心血管疾病时，间充质干细胞可以分化为心肌细胞和平滑肌细胞，改

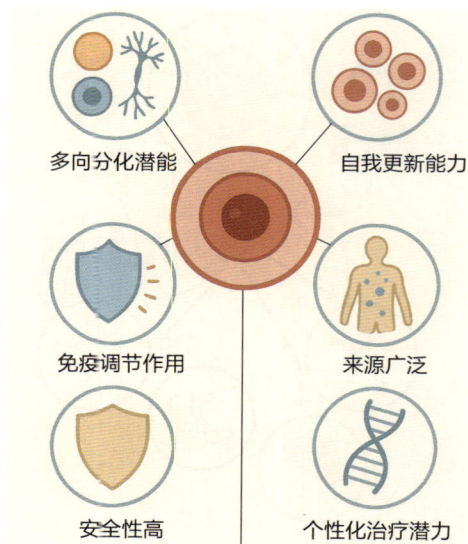

图5-3 干细胞治疗的特点和优势

善心脏功能（图5-3）。

2. 自我更新能力 干细胞能够自我复制和更新，保持其数量和活性。这使干细胞可以在体内长期存在，持续发挥治疗作用。同时，干细胞的自我更新能力也为其在体外扩增和储存提供了可能，为临床治疗提供了充足的细胞来源。

3. 免疫调节作用 干细胞具有免疫调节功能，可以调节免疫系统的平衡。在治疗自身免疫性疾病和炎症性疾病时，干细胞可以抑制过度活跃的免疫反应，减轻炎症症状；在移植治疗中，干细胞可以降低免疫排斥反应的发生风险。

4. 来源广泛 干细胞可以从多种组织中获取，如骨髓、脐带、胎盘、脂肪等。不同来源的干细胞具有各自的特点和优势，可以根据不同的疾病需求选择合适的干细胞来源。

5. 安全性高 干细胞治疗通常具有较高的安全性。干细胞在体内的分化和功能发挥受到严格的调控，不会形成肿瘤等异常组织。同时，干细胞的免疫原性较低，一般不会引起严重的免疫排斥反应。

6. 个性化治疗潜力 随着技术的不断发展，干细胞治疗有望实现个性化医疗。通过对患者自身的干细胞进行提取、培养和改造，可以为患者量身定制最适合的治疗方案，提高治疗效果和安全性。

93 干细胞与传统中医西医在治病上有何区别？

应该指出的是，在当今的医疗领域中，中医、西医和干细胞疗法犹如三驾马车，各自展现出独特的魅力和价值。它们在理论基础、治疗方法和优势方面存在着显著的差异（图5-4）。

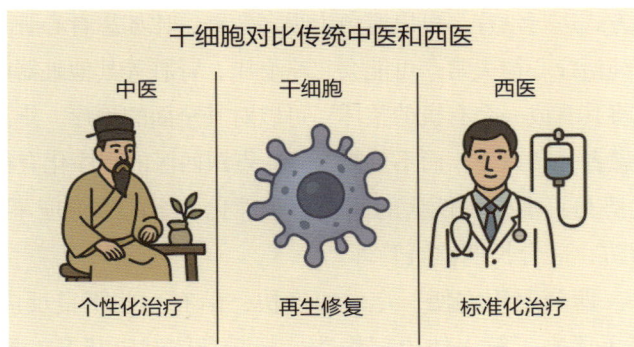

图5-4　干细胞与传统中医西医

1．区别和差异

（1）中医：是中华民族几千年医疗实践的结晶，承载着我们中华民族深厚的文化底蕴和哲学思想。中医的理论基础建立在阴阳五行学说上，强调自然界与人体的和谐。中医认为，人体的健康取决于阴阳平衡、气血调和、脏腑功能协调，疾病是这种平衡被打破的表现。通过望、闻、问、切四诊合参，辨证施治，中医医生可以判断人体的生理病理状态，进而制订个性化的诊疗方案。

（2）西医：是现代科学的结晶，是在现代科学技术的基础上发展起来的医学体系，具有严谨的科学理论和先进的治疗手段。西医基于生物医学理论，强调解剖学、生理学和病理学的研究。它通过实验研究与临床验证，寻找疾病的根本原因，采用标准化的诊断和治疗方法。西医认为疾病是由于人体受到细菌、病毒、寄生虫等病原体的感染，或者由于遗传、环境、生活方式等因素引起的身体结构和功能的异常。

（3）干细胞：是第三次医学革命的产物，是前沿科技，是未来医学的希望。干细胞是一种具有自我更新和多向分化潜能的细胞，干细胞治疗结合了生物医学和再生医学的理念，利用干细胞的自我更新与分化能力，修复受损组织。根据来源的不同，干细胞可以分为胚胎干细胞、成体干细胞和诱导多能干细胞等。干细胞可以通过自我更新和分化，补充受损组织和器官中的细胞，促进组织修复和再生。

2．中医、西医、干细胞三者的优势

（1）中医：中医的好处有很多，简单地说有两点：第一点就是整体观念，第二点就是辨证论治。具体来说，整体观念就是把人看成一个有机的整体，很多疾病通过整体的方式进行治疗，可以避免走很多弯路，比如患者心脏不好出现心律失常。如果单纯治疗心律失常，可能会忽略血压、肾脏等其他脏器的疾病，通过中医的方式，将其看成一个有机的整体，可以对其全面的治疗。辨证论治就是对于患者，一个患者一套方药，而不重复，这一点跟西医的程序化有很大区别。

中医的优势是：擅长慢性病的调理，个性化方案能够适应不同患者需求，强调养生与预防，适合长期健康管理。

（2）西医：西药服用方便，疗效速度快，但有一些不良反应；西医一般是通过化验等手段来了解人体内部构造，判断身体健康状况，可借助仪器对人体内各种生物指标的数量和大小有较为清晰准确的把握，而这种直观又准确的方式易被病患接受；西医讲究对症下药，治疗周期短，所以这也是患者多选择西医疗法的主要原因；西医注重分析局部病理组织细胞的改变，借助现代仪器的观察和测定细微而准确，并且治疗手段多先进而科学。

西医的优势是：对急性病、传染病和外科疾病具有快速、有效的治疗手段，科学验证治疗方法确保了高可靠性。

（3）干细胞：干细胞具有自我更新能力，存在于生物的体内并一直保持分裂和分化状态，我们的身体器官都是由干细胞分化演变而来的，在不同的条件下，干细胞可以演变不同种类，具有不同功能的细胞，这为科学研究提供了无限的可能性。

细胞移植是将健康的干细胞注入患者体内，以促进受损组织的再生。这种方法在血液病、心脏病等领域展现了良好的前景。细胞因子治疗是通过注射或释放特定的细胞因子，增强体内的再生与修复能力，适用于各种慢性疾病；基因治疗是结合干细胞技术，修复遗传缺陷，提供更为精准的治疗方案。所以干细胞一直被医学界认为是最有具临床应用价值的"万能细胞"。

干细胞的优势是：具有强大的再生修复能力和免疫调节作用，且来源广泛。干细胞提供了全新的再生治疗思路，能有效修复受损组织，对于一些难治性疾病展现出广阔的前景。

3. 三者治疗方法的区别

（1）中医：中医倾向于采用自然疗法，以中药、针灸、推拿、食疗等非侵入性疗法为核心。它强调个性化治疗方案的制订，根据患者的体质、病情等因素综合考虑，力求调整身体内部的阴阳平衡与气血流通。中医的治疗过程通常较为温和，注重长期调理，副作用相对较小，更适合于慢性病及亚健康状态的调理。

（2）西医：西医则主要采用药物治疗、手术治疗、物理治疗等标准化、规范化的治疗方法。它依赖于现代科学技术和医学研究成果，治疗手段精准高效，能够迅速针对病因进行干预，尤其适用于急性病、外科疾病以及需要快速控制病情的场景。部分西药及手术可能伴随一定的副作用或风险。

（3）干细胞治疗：干细胞治疗代表了一种前沿治疗手段，主要通过干细胞移植和干细胞因子治疗等方式实现。它利用干细胞的自我更新能力和分化潜能，促进受损组织的再生与修复，为多种难治性疾病，如帕金森、老年痴呆、尿毒症、糖尿病、脊髓损伤、骨关节等疾病提供了新的治疗途径。干细胞治疗具有广阔的应用前景和良好的治疗潜力，尤其在传统疗法难以奏效的疾病领域展现出独特的优势。

4. 干细胞与药物的区别

（1）治本与治标：干细胞治疗是治本的，通过修复受损的组织和器官，从根本上解决疾病问题；而药物治疗往往是治标的，通过控制疾病的症状来减轻患者的痛苦。

（2）作用机制：干细胞用来修补身体受损的组织，促进细胞的再生和修复；而药物则用来暂时控制疾病的症状，可能带来副作用和身体损伤。

（3）适用人群：干细胞治疗适用于所有人群，包括健康人和亚健康人群；而药物治疗则针对已经患病的人群。

（4）副作用：干细胞治疗通常没有明显的副作用，而药物治疗可能带来多种不良反应。

（5）对免疫系统的影响：干细胞能够提升免疫力，增强机体的抗病能力；而多数药物可能降低免疫力，增加感染的风险。

5. 三者之间的互补性　中医、西医和干细胞疗法并不相互排斥，而是可以相互补充、相互促进的。在实际应用中，可以根据患者的具体病情和需求，综合运用这三种医疗方式，以达到最佳的治疗效果。例如，在慢性病的管理中，可以结合中医的调理和西医的药物治疗，同时考虑干细胞治疗的潜力；在急性病的治疗中，可以优先采用西医的标准化治疗方法，同时关注干细胞治疗的最新进展。

综上所述，中医、西医与干细胞疗法，各自拥有独特的理论基础、治疗方法和优势。在选择医疗方式时，我们应该根据疾病的特点和自身的情况，综合考虑各种因素，选择最适合自己的治疗方法。同时，我们也应该看到中医、西医和干细胞疗法之间的互补性，综合运用这三种医疗方式，以达到更好的治疗效果。

94 院士们对细胞治疗疾病是如何评价的？

1. 陈义汉院士（心血管疾病与基础研究，中国科学院）：在2022年11月的博鳌干细胞峰会暨中国干细胞产业联盟成立大会上，他指出干细胞治疗是朝阳产业，前景无限，有望通过细胞治疗在重大疾病上取得突破。

2. 张伯礼院士（心脑血管疾病与中医药研究，中国工程院）：2022年11月接受采访时强调，强大的免疫系统需要稳定的内环境和源源不断的修复能力，而干细胞和免疫细胞正是提供这种能力的"发动机"。

3. 李劲松院士（细胞重编程与发育调控研究，中国科学院）：在第24届上海国际生物技术与医药研讨会上，他介绍了类精子干细胞在遗传改造中的高效应用，展示了干细胞在基因疾病模拟中的潜力。

4. 詹启敏院士（肿瘤分子生物学与转化医学研究，中国工程院）：在广西科协《科学名家谈》中，他强调了干细胞在器官修复和重建中的重要作用，并举例说明了干细胞技术在脊柱修复中的成功应用。

5. 陈晔光院士（细胞信号转导与生理病理研究，中国科学院）：在《人民日报》上撰文指出，干细胞技术不仅可治疗白血病等难治疾病，还能加速新药开发，推动再生医学发展。

6. 郑树森院士（器官移植与肝胆胰外科研究，中国工程院）：在浙江大学医学院附属杭州市第一人民医院的项目启动会上，他表示干细胞技术在器官移植领域潜力巨大，有望成为肝脏损伤修复的有效手段。

7. 张志愿院士（口腔颌面部与头颈部肿瘤研究，中国工程院）：在晋中市第一人民医院干细胞治疗科学委员会成立大会上，他强调了干细胞治疗在全身疾病中的应用前景，并特别提到了牙源性干细胞的优势。

8. 鞠躬院士（中枢神经系与脊髓损伤研究，中国科学院）：在2021年辽宁第三届医学前沿与细胞治疗大会上，他分享了干细胞在危重症治疗中令人兴奋的数据，展望了干细胞技术在征服疾病中的创新作用。

9. 赵铱民院士（口腔修复学研究，中国工程院）：在《陕西日报》上，他阐述了口腔医学的"三个R"——替代、重建和再生，并指出干细胞技术为再生医学带来了新的希望。

10. 李校堃院士（成纤维细胞生长因子研究，中国工程院）：在温州市细胞研究中心揭牌仪式上，他大力支持温州开展干细胞研究，希望推动干细胞技术在温州的转化应用。

11. 苏国辉院士（哺乳动物视觉系发育与再生研究，中国科学院）：在"对话大脑"院士论坛上，他表示干细胞治疗在膝骨关节炎治疗中具有显著效果，将推动医疗行业的颠覆性革命。

12. 王广基院士（新药药物代谢动力学研究，中国工程院）：在2021中国生物技术创新大会上，他指出异体间充质干细胞是细胞治疗中最有发展前景的手段之一，将为疑难杂症的治愈带来可能。

13. 魏于全院士（肿瘤生物治疗研究，中国科学院）：在2021第七届成都精准医学国际学术论坛上，他介绍了全球多个抗衰老生物技术项目已进入临床试验，包括干细胞移植治疗糖尿病足等。

14. 周宏灏院士（遗传药理学与药物基因组学研究，中国工程院）：在湖南省干细胞与生物材料工程研究中心揭牌仪式上，他强调了干细胞和药学研究在尖端技术领域的重要性，对人类健康将发挥重大作用。

15. 石学敏院士（针灸科学研究，中国工程院）：在国家中医针灸临床医学研究中心的研讨会上，他部署了干细胞与针刺结合治疗脑缺血的临床前研究，并展望了认知障碍方向的研究。

16. 陈凯先院士（计算机辅助药物分子设计研究，中国科学院）：在第二届CSCO-再鼎临床肿瘤学新进展高峰论坛上，他呼吁高度重视干细胞治疗等创新疗法，以指导个性化用药。

17. 廖万清院士（皮肤病与真菌病防治研究，中国工程院）：在第一届AIE国际再生医学研讨会上，他表示干细胞外泌体在皮肤临床的应用将推动皮肤科外用制剂的新革命。

18. 王福生院士（肝炎及抗病毒治疗研究，中国科学院）：在第15届国际基因组学大会上，他介绍了间充质干细胞在免疫调节和组织修复中的作用，并强调了干细胞在肝炎和新型冠状病毒肺炎治疗中的疗效。

19. 陈子江院士（生殖健康与出生缺陷研究，中国科学院）：在2020年干细胞临床应用及再生医学研讨峰会上，她表示干细胞在新型冠状病毒肺炎疫情和生殖医学领域均发挥了重大作用。

20. 于金明院士（肿瘤放疗研究，中国工程院）：在某研讨峰会上，他强调了干细胞技术的快速发展和政策支持，将推动中国干细胞治疗领域的健康快速发展。

21. 王松灵院士（唾液腺疾病与牙发育再生研究，中国科学院）：在2020中国财富论坛上，他介绍了用干细胞治疗口腔疾病的研究成果，并展望了干细胞在抗衰老和美容领域的应用。

22. 徐涛院士（胰岛β细胞功能与细胞生物物理研究，中国科学院）：在2020国际（广州）干细胞与精准医疗产业化大会上，他表示干细胞在新冠病毒感染治疗上的效果显著，对肺纤维化有明显改善作用。

23. 徐冠华院士（资源遥感与地理信息系统研究，中国科学院）：在浦江创新论坛的访谈节目中，他强调了未来科技创新应抓住干细胞与再生医学等基础前沿项目，加强技术研发。

24. 闻玉梅院士（乙型肝炎病毒研究，中国工程院）：在《科技导报》上发表文章指出，现代医学的发展融入了干细胞治疗等新技术，为疾病提供了新的治疗方法。

25. 施一公院士（结构生物学研究，中国科学院）：在第22届浙江投资贸易洽谈会开幕式上表示，随着干细胞技术的成熟，更多以往的不治之症将变得可治可控。

26. 陈润生院士（生物信息学与非编码RNA研究，中国科学院）：在健康卫视《院士时间》中提到，干细胞用细胞移植代替器官移植是革命性的，将给医学带来革命性变化。

27. 李兰娟院士（肝炎与新发突发传染病诊治研究，中国工程院）：在央视专访中表示，干细胞疗法在新冠病毒感染危重症患者抢救中发挥了重要作用，并展望了干细胞在救治重症患者中的应用前景。

28. 夏照帆院士（烧伤疾病诊疗与研究，中国工程院）：在广州市红十字会医院建院120周年上表示，干细胞在治疗皮肤损伤中有潜力减少瘢痕形成，改善愈合效果。

29．顾晓松院士（组织工程神经与神经再生研究，中国工程院）：在健康中国与健康产业发展学术会上表示，组织工程技术通过干细胞使脊髓损伤再生，有望逐步恢复患者运动知觉。

30．季维智院士（灵长类生殖与发育生物学研究，中国科学院）：在首届生物技术创新大会上指出，干细胞给人类健康带来希望，有望用于修复肝、肾、心等器官和组织。

31．周琪院士（细胞重编程与干细胞研究，中国科学院）：在央视《人物》节目上表示，干细胞的价值在于其复制、增殖和分化能力，可用于替代、修复缺损器官，延缓衰老。

32．曹雪涛院士（天然免疫与炎症、肿瘤免疫研究，中国工程院）：在政协常委会闭幕会上讲解了干细胞与组织再生等前沿领域，强调了这些技术对生物医学研究的推动作用。

33．陈香美院士（疑难肾病与狼疮肾炎研究，中国工程院）：在上海市罕见病/孤儿药学术年会上表示，未来最有效的干细胞治疗可能是在罕见病上。

34．俞梦孙院士（航空医学与生物医学工程研究，中国工程院）：在深圳国际生物医学院士论坛上表示，干细胞疗法加速了人类从健康到高性能的转变过程。

35．乔杰院士（妇产及生殖健康研究，中国工程院）：在东南卫视节目中分享了干细胞治疗早老症的成功案例，展示了干细胞在生殖健康领域的潜力。

36．袁国勇院士（新发传染病病原体研究，中国工程院）：在接受《大公报》专访时表示，成体干细胞培养的类器官在流感病毒检测中具有重要应用价值。

37．钟南山院士（重大呼吸道传染病与慢性呼吸系统疾病研究，中国工程院）：在多个场合表示希望在干细胞方面做更多工作，并指出干细胞与再生医学是"十三五"国家战略性新兴产业发展规划的重点任务。

38．白春礼院士（有机分子结构与分子纳米结构研究，中国科学院）：在纪念"科学的春天"40周年座谈会上表示，我国干细胞和再生医学等科技成果水平达到世界前列。

39．刘以训院士（生殖生理研究，中国工程院）：在接受《长沙晚报》采访时表示，干细胞技术有望解决男性不育和女性不孕问题，并在小鼠实验和人体研究中取得进展。

40. 戴尅戎院士（骨科临床与基础研究，中国工程院）：在生物与生命科学技术与产业分会上表示，以组织工程为基础的再生医学是医学研究的前沿和热点，干细胞是其中的关键要素。

41. 赵继宗院士（经外科学临床与基础研究，中国科学院）：在香山科学会议学术讨论会上表示，通过干细胞重建有利于神经再生的微环境，是修复脊髓损伤的重要策略。

42. 付小兵院士（创伤和创伤后组织修复与再生研究，中国工程院）：在《中国科学报》上发表文章表示，干细胞的诱导分化功能可实现汗腺再生，为烧伤患者带来新希望。

43. 裴钢院士（分子细胞生物学及信号转导研究，中国科学院）：在"SELF格致论道"讲坛上表示，干细胞具有全能型，是未来器官供应的理想材料，并强调要将干细胞变成老百姓喜欢的产品。

44. 程京院士（生物芯片研究，中国工程院）：在某次医疗健康产业高峰论坛上，程京院士指出，干细胞技术的快速发展为个性化医疗提供了新途径，特别是在遗传性疾病和衰老相关疾病的治疗上展现出巨大潜力。

45. 贺福初院士（蛋白质组学、精准医学和系统生物学研究，中国科学院）：在生命科学与生物技术前沿论坛上，贺福初院士强调，干细胞研究是生命科学领域的重要方向之一，对于理解生命本质、推动医学进步具有重要意义。

这45位院士的发言不仅全面展示了干细胞技术在医学领域的广泛应用前景，也深刻体现了国家对干细胞行业的高度重视和支持。随着干细胞技术的不断发展和完善，相信未来将在更多疾病的治疗和再生医学领域发挥革命性作用，为人类的健康事业做出更大贡献。

第二节　呼吸系统疾病治疗

95 干细胞可以治疗哪些呼吸系统疾病？

干细胞可以治疗各种急慢性呼吸系统疾病，如新型冠状病毒肺炎、急慢性支气管炎、慢性阻塞性肺疾病（简称慢阻肺）、肺纤维化、支气管哮喘等，尤其是对新冠病毒感染这种伴随着免疫力紊乱而导致严重后遗症以及慢阻肺和肺纤维化这种难以逆转的顽固性疾病，有着常规治疗难以达到的显著效果（图5-5）。

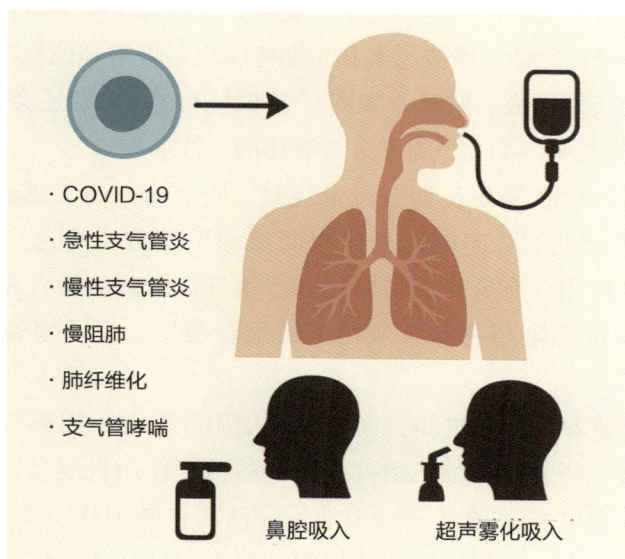

图5-5　干细胞治疗呼吸系统疾病

干细胞治疗呼吸系统疾病，给药途径多样化，不仅可以静脉输注，还可以鼻腔吸入、超声雾化吸入等多种形式。

96 干细胞可以治疗慢阻肺吗？

可以，而且疗效较为显著（图5-6）。

大家知道，每年的11月第3周周三是世界慢性阻塞性肺病日，据世界卫生组织（WHO）报告显示，慢性阻塞性肺病（COPD）居全球死亡原因的第4位，可谓是威胁人类健康的第4大杀手。预计2020年，将有450万人死于COPD。仅次于缺血

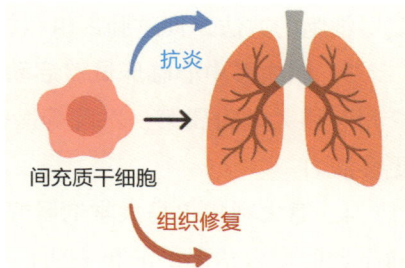

图5-6　干细胞治疗慢阻肺

性心脏病和脑血管病，慢阻肺将成为全球第三大死亡原因。

慢阻肺包括：慢性支气管炎、肺气肿等，可进一步发展为肺心病和呼吸衰竭。目前在中国慢阻肺患者人数接近1亿人，40岁以上人群的患病率高达13.6%；每年超过100万人因慢阻肺死亡。现已成为第三大疾病死因。

吸烟是慢阻肺最主要的危险因素，此外，室内和室外空气污染，职业粉尘和烟雾，呼吸道感染，遗传因素和长期哮喘也是慢阻肺的危险因素。患有慢阻肺的人会长期咳嗽、咳痰、胸闷、喘不上来气。后期还会导致肺心病、呼吸衰竭。顺畅呼吸一口空气都是非常奢侈的一件事。

治疗方面，患者需要长期低流量吸氧，吸氧时间每天需超过15小时。还需要β_2受体激动剂、胆碱能受体阻断剂和甲基黄嘌呤这三类的支气管扩张剂的联合作用，有反复病情恶化和严重气道阻塞的患者需要吸入糖皮质激素，以及抗感染药物和抗氧化剂的配合使用。疗效短暂，而且无法根治。

近年来，随着科技的进步，间充质干细胞疗法为慢阻肺提供了新的治疗策略和方法。间充质干细胞治疗慢阻肺的治疗作用机制是抗炎和组织修复作用。随着医学科技的发展，干细胞疗法能让肺损伤、炎症显著减少，细菌清除得到改进，不仅可以改善慢阻肺患者的肺功能，还可以使人体的整体机能得到恢复。近期国内外多个著名医学高校报道了他们的临床研究成果。

1. 美国UCLA团队的研究 利用异基因来源的间充质干细胞治疗慢性肺阻的临床研究表明，干细胞治疗对改善慢阻肺患者的炎症反应和系统性症状具有显著效果。

2. 同济大学的研究 通过支气管内分离、扩增和移植患者自身支气管基底层细胞的方法，促进肺部组织的修复，并取得一定的临床效果。

3. 国内多中心临床试验启动 近期获批的多中心注册临床试验计划将在广州医科大学附属第一医院等医疗机构共同开展，探索干细胞治疗慢阻肺的更多潜力。

4. 意大利帕尔马大学的研究 基于干细胞的再生疗法和衍生产品对慢阻肺患者的疗效情况的分析表明，干细胞治疗对改善慢阻肺患者的病情有一定的治疗效果。

97　为什么干细胞对慢阻肺有着良好的治疗作用？

这是因为干细胞治疗充分体现了它标本兼治的特点和优势（图5-7）。

1. 细胞替代作用　干细胞可分化成肺实质细胞，替代受损的肺部细胞，促进肺部组织的修复和恢复正常呼吸功能。

2. 抗炎作用　通过抑制炎症反应和降低炎症因子的分泌，减轻肺部炎症反应，保护肺部细胞免受损伤。

3. 旁分泌作用　干细胞释放生长因子和其他分子，促进肺部组织修复和再生。

4. 免疫调节作用　干细胞调节机体的免疫反应，减少炎症反应和免疫细胞的活化，降低病情的进展。

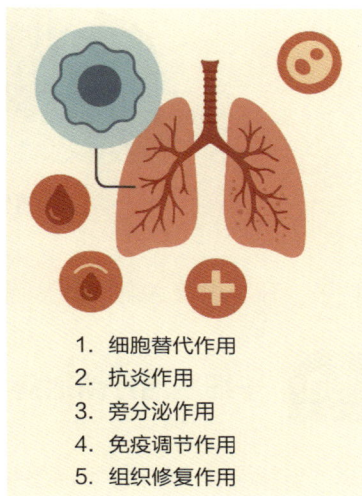

1. 细胞替代作用
2. 抗炎作用
3. 旁分泌作用
4. 免疫调节作用
5. 组织修复作用

图5-7　干细胞治疗慢阻肺的优势

5. 组织修复作用　干细胞能促进肺部组织的修复和再生，帮助恢复正常的呼吸功能。

98　干细胞能够治疗肺纤维化吗？

肺纤维化是一种慢性、进行性、纤维化间质性肺炎，患者的功能低下，死亡率甚至高于大多数肿瘤，被称为一种"类肿瘤疾病"。治疗上无理想药物，仅靠糖皮质激素维持。干细胞治疗肺纤维化的原理主要是通过干细胞的多想分化和免疫调节等作用，促进肺部组织修复和再生，减轻炎性反应，改善肺部功能，提高生活质量；干细胞治疗肺纤维化的方法有两种（图5-8）。

1. 直接注射干细胞　静脉输注的干细胞直接通过血液循环进入肺部，在那里分化成肺泡上皮细胞、平滑肌细胞等细胞类型，从而重建肺部结构和功能。

2. 雾化喷雾法　这种方法是将干细胞外泌体通过雾化喷雾器雾化称微小

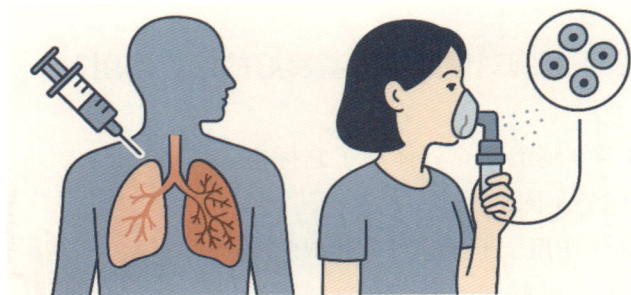

图5-8　干细胞治疗肺纤维化

粒子，让患者吸入肺部，从而使干细胞分步到肺部，并在那里发挥作用。

99　干细胞治疗新冠病毒感染及其后遗症效果如何？

当年突发的新冠病毒感染疫情期间，很多医学专家包括我国的李兰娟院士、王福生院士率领的医疗团队，都尝试用干细胞降低重症患者死亡率，并取得了意想不到的显著疗效。美国、英国、韩国、日本、以色列等多个国家，都争相开展干细胞治疗新冠病毒感染临床治疗，干细胞成了抗疫不可或缺的重要力量。综合当前研究结果，间充质干细胞治疗新冠病毒感染安全性良好，在缩短病程、减轻肺部损伤、降低炎症因子水平等方面显示出一定的临床疗效，有望为治疗重型、危重型新冠病毒感染提供新的手段（图5-9）。

"新冠"疫情过后，很多患者遗留了"脑雾"（记忆力下降。难以集中注意力等）、疲劳、乏力、失眠、焦虑和抑郁、心悸和胸痛、食欲不振、恶心呕吐、慢性咳嗽和腹泻等后遗症，使用干细胞治疗后取得了显著疗效。根据科学家的探讨，干细胞之所以对新冠病毒感染及其后

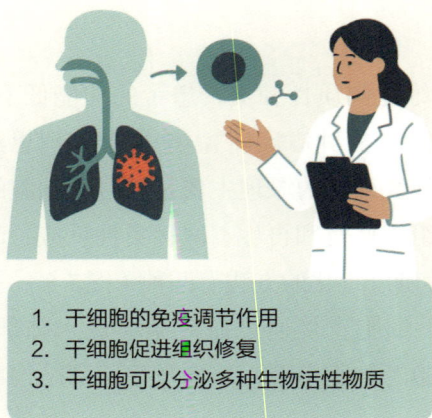

1. 干细胞的免疫调节作用
2. 干细胞促进组织修复
3. 干细胞可以分泌多种生物活性物质

图5-9　干细胞治疗新冠病毒感染及其后遗症

遗症取得显著疗效的机制。

1. 干细胞的免疫调节作用　新冠病毒感染会引发免疫系统过度反应，产生"细胞因子风暴"，导致严重的肺部及其他器官损伤。干细胞具有强大的免疫调节功能，可以抑制过度激活的免疫细胞，如 T 细胞、B 细胞和巨噬细胞等，减少炎症因子的释放，从而减轻肺部及全身的炎症反应。同时，干细胞还可以促进调节性 T 细胞的增殖，增强机体的免疫耐受，帮助恢复免疫系统的平衡。

2. 干细胞促进组织修复

（1）肺部修复：新型冠状病毒主要攻击肺部，导致肺组织受损。干细胞可以分化为肺上皮细胞、血管内皮细胞等，参与肺部组织的修复和再生。干细胞还能分泌多种生长因子和细胞因子，如血管内皮生长因子、肝细胞生长因子等，这些因子可以刺激肺内的干细胞增殖和分化，促进受损肺组织的修复，改善肺功能。

（2）其他器官修复：除了肺部，新冠病毒感染还可能对心脏、肝脏、肾脏等器官造成损伤。干细胞可以迁移到受损器官，通过旁分泌作用和分化为特定细胞类型，促进这些器官的修复和再生。

3. 干细胞改善了机体微环境　干细胞可以分泌多种生物活性物质，如胶原蛋白、透明质酸等，改善受损组织的微环境。这些物质可以促进细胞的黏附、增殖和分化，为组织修复提供良好的基础。同时，干细胞还可以调节细胞外基质的代谢，促进受损组织的重塑。

总之，干细胞通过免疫调节、促进组织修复和改善微环境等多种机制，对新冠病毒感染及其后遗症发挥着重要的治疗作用。

100　支气管哮喘可以用干细胞治疗吗？

支气管哮喘（简称哮喘）是呼吸系统慢性炎症性疾病之一，其主要特征为气道炎症和气道重塑。据相关数据，全球约有 3 亿人受到哮喘的影响。在我国，20 岁及以上人群哮喘患病率为 4.2%，患病人数多达 4570 万人。哮喘患者通常会有发作性的喘息、气急、胸闷或胸部紧迫感、咳嗽等症状，少数患者主要表现为胸痛。这些症状一般在患者接触烟雾、香水、油漆、灰尘、宠物、花粉等刺激性气体或变应原后出现，而且在夜间和（或）清晨，症状也更容易发作或加重。

实际上，哮喘最要命的地方就在于它的突然发作。这种突然发作可能会导致患者无法获得有效救治，或者来不及被送往医院，在这种情形下，患者出现脑损伤乃至死亡的可能性就会增大。著名歌星邓丽君深受大家喜爱，就是被哮喘夺走了生命，这令人无比惋惜。

当前，哮喘治疗主要采取吸入糖皮质激素、扩张支气管等对症处理措施。传统治疗药物重点在于缓解胸闷、气急、咳嗽之类的症状，无法从根源上控制哮喘。因此，至少有15.5%的哮喘患者在病情发作时需要看急诊，还有7.2%的患者得住院接受进一步治疗。所以，探索新的有效治疗方法以实现哮喘的"根治"是当下极为紧迫的任务。

间充质干细胞治疗哮喘的机制（图5-10）。

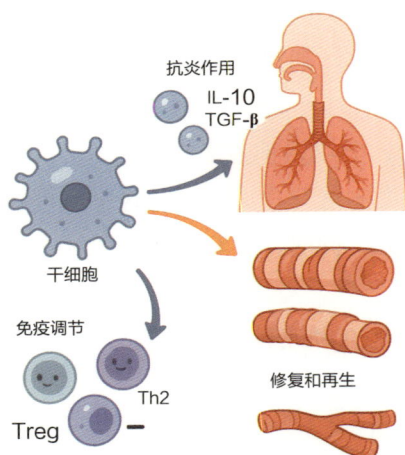

图5-10 **干细胞治疗支气管哮喘**

1. 抗炎作用 经证实，间充质干细胞（MSC）具备抑制炎症反应的能力。它能够释放白细胞介素-10（IL-10）、转化生长因子-β（TGF-β）等抗炎因子，以此减轻气道炎症，并抑制免疫细胞的激活，进而缓解哮喘。

2. 免疫调节 MSC可调节免疫系统，抑制过度激活的免疫反应。在这个过程中，MSC与免疫细胞相互作用，能够对调节性T细胞（Treg）的数量和功能进行调动，同时抑制Th2细胞的数量和（或）活性，从而修复哮喘患者的免疫异常情况。

3. 修复和再生 MSC能够促进受损组织的修复与再生。对于哮喘患者而言，MSC会迁移并分化为肺泡上皮细胞等细胞类型，这有助于修复受损的呼吸道黏膜，从而使肺功能得到改善。

哮喘是一种异质性疾病，其发病机制至今尚未完全搞清楚，传统的治疗药物主要是针对胸闷、气急、咳嗽等症状进行改善，无法从根本上对哮喘进行控制。和传统治疗药物不同，干细胞在趋化因子或炎症因子等的作用下，能够归巢并富集到病损部位，定向分化并推动组织修复和再生，同时它还拥有强大的免疫调节功能，有希望从根源上对哮喘的发生进行控制。虽然这一研究目前还处在初级阶段，但随着近些年来再生医学技术的持续创新，相信干细胞技术会为更多的哮喘患者带来新的希望。

101　为什么现在肺结节患者越来越多?

现在肺结节患者逐渐增多，主要有以下几方面原因。

1. 检查技术进步　检出率提高是一个重要因素。随着高分辨率CT等先进影像学技术的广泛应用，能够检测出更小、更隐蔽的肺结节，使得原本可能未被发现的肺结节被大量检出，这是肺结节患者增多的重要原因之一。

2. 环境因素　空气污染也是重要因素。工业废气、汽车尾气等大量排放，导致空气中有害物质增加，长期吸入这些污染物可能损伤肺部细胞，增加肺结节的发病风险。

3. 吸烟与二手烟　吸烟是导致肺部疾病的重要危险因素。烟草中的有害物质会对肺组织造成损害，引发肺部炎症和细胞异常增生，进而形成肺结节。二手烟同样会对非吸烟者的肺部健康产生不良影响。

4. 不良生活方式尤其是缺乏运动　现代人普遍运动量不足，长期久坐，身体免疫力下降，肺部的自我修复和防御功能也会受到影响，使得肺部容易受到各种致病因素的侵袭，增加肺结节的发生概率。

5. 精神压力　长期的精神压力会导致身体内分泌紊乱，影响免疫系统功能，使机体对肺部病变的监测和修复能力下降，可能促使肺结节的形成。

6. 感染因素　如肺结核、肺炎等肺部感染性疾病，在治愈后可能会留下肺部结节样的瘢痕组织。此外，一些病毒、细菌感染也可能与肺结节的发生有关。

7. 遗传因素　部分肺结节具有一定的遗传倾向，如果家族中有肺结节或其他肺部疾病患者，个体患肺结节的风险可能会增加。

102 干细胞治疗肺结节效果好吗?

根据临床总结的大量病例来看,干细胞及其干细胞外泌体治疗肺结节的效果较为显著,但前提是要区别不同情况,有的放矢地的查找原因,科学准确的辨证施治。

肺结节的成因是复杂的,常见成因包括感染、炎症、良性肿瘤、癌前病变或早期癌症等。不同原因导致的肺结节,其病理生理过程和治疗需求差异很大,所以,必须根据不同原因进行有针对性的治疗,例如:对细菌病毒感染,必须同时给予抗炎治疗;对良性肿瘤,给予干细胞+干细胞外泌体联合运用;对癌前期病变或早期癌症,必须以免疫细胞为主,并辅以干细胞外泌体进行综合治疗。如此精准治疗,则不仅可以使结节迅速减小甚至消失,而且还可以控制原发致病因素,达到标本兼治的治疗目的,取得最佳治疗效果。

103 为什么干细胞可以治疗肺结节?

这是因为:干细胞具有自我更新和多向分化潜能,理论上可分化为肺泡上皮细胞、肺间质细胞等,修复受损肺组织,还能分泌细胞因子调节免疫、抗炎,减轻肺组织的炎症反应,从而对肺结节产生治疗作用。

第三节　糖尿病治疗

104 糖尿病可以治愈吗?

10年前,如果谈到糖尿病可以治愈,都会被人们视为天方夜谭,但日新月异的高新科技,使根治糖尿病变成了现实。为什么干细胞可以根治糖尿病?这是因为药物治疗糖尿病是治标,干细胞治疗糖尿病是治本。

糖尿病是一种慢性病。当胰腺产生不了足够胰岛素或者人体无法有效地利用所产生的胰岛素时,就会出现糖尿病。胰岛素是一种调节血糖的肽类激素。高血糖或血糖升高是糖尿病失控的常见后果，随着时间的推移会对人体的许多系统（特别是神经、血管和肾脏）带来严重损害。以前，糖尿病的治疗手段是使用降糖药物，要么直接补充胰岛素，要么采用七大类糖尿病用药（双胍类、SGLT-2 抑制剂、DPP-4 抑制剂类、α-葡萄糖苷酶抑制剂、胰岛素促泌剂、GLP-受体激动剂、胰岛素增敏剂）降血糖，结果只能是治标不治本，因为导致糖尿病的根本因素是胰岛这一内分泌腺体上生产胰岛素的 β 细胞出了问题，应该针对这一主要病因进行治疗，方可达到根治糖尿病的目的。

　　干细胞的问世为根治糖尿病提供了有力保障。干细胞是一类具有自我更新和多向分化潜能的细胞，能够在特定条件下分化为多种类型的细胞，包括胰岛细胞。根据其分化潜能，干细胞可以分为全能干细胞、多能干细胞和专能干细胞。在糖尿病治疗中，研究主要集中在多能干细胞（如胚胎干细胞和诱导多能干细胞）和成体干细胞（如间充质干细胞和胰腺干细胞）的应用。干细胞主要是通过以下方式对糖尿病进行修复（图 5-11）。

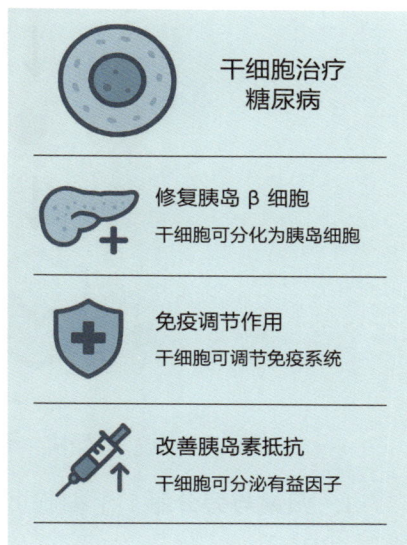

图5-11　干细胞治疗糖尿病

　　1. 修复胰岛β细胞　干细胞可以分化为胰岛 β 细胞，从而修复受损的胰岛 β 细胞，恢复胰岛素的分泌功能。

　　2. 免疫调节作用　干细胞可以调节免疫系统，抑制自身免疫反应，从而减轻糖尿病患者的免疫损伤。

　　3. 改善胰岛素抵抗　干细胞可以分泌一些细胞因子和生长因子，改善胰岛素抵抗，提高胰岛素的敏感性。

　　干细胞治疗糖尿病还具有安全性高的特点，它是一种非侵入性的治疗方法，安全性高，副作用小。随着干细胞技术的不断发展和完善，干细胞在糖尿病治疗中的应用前景将更加广阔。未来，研究人员将继续探索干细胞的分化机制、优化移植方案、提高治疗效果和安全性，以期实现干细胞对糖尿病的彻底治愈。

105 干细胞修复糖尿病的作用机制是什么?

干细胞在糖尿病治疗中的作用机制(图5-12)。

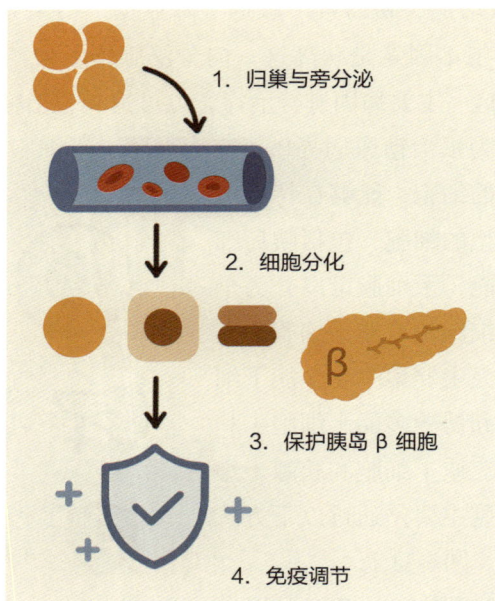

图5-12 干细胞修复糖尿病的机制

1. 归巢与旁分泌 干细胞可以迁移至受损的胰腺区域,分泌有助于组织修复的因子。

2. 细胞分化 间充质干细胞可分化为胰岛素产生细胞。

3. 保护胰岛β细胞 通过抑制去分化和炎症,改善β细胞功能。

4. 免疫调节 分泌抗炎因子,减轻局部炎症,改善胰岛素敏感性。

106 如何制订干细胞治疗糖尿病的方案?

了解了干细胞治疗糖尿病的作用机制后,我们就可以得出一个肯定的结论,使用干细胞治疗糖尿病的效果是毋庸置疑的。然而,如何科学制订治疗糖尿病的方案,则需要医生具备扎实的医学功底和临床经验。

　　一般来说，干细胞治疗糖尿病必须掌握足量的原则，因为机体输入外源性干细胞后，细胞就会"归巢"，分布在最需要干细胞修复的组织损伤部位，而人到中年以后，机体衰老成为常态，所以，需要干细胞的脏器和组织很多，加上糖尿病患者通常程度不同的伴有心脑血管、眼底、肾脏等损害，因此，量的大小直接决定糖尿病患者的疗效。基于这个原因，有经验的医生通常给患者采用多个疗程大剂量冲击的方法，这对于快速控制糖尿病的并发症，恢复胰岛的胰岛素分泌功能，是至关重要的。如果剂量不足，也可以缓解糖尿病进程、减少和减轻并发症，但要达到根治和根本性好转的预期则是困难的。

107　糖尿病分为哪些类型？

　　糖尿病主要分为以下四个类型（图5-13）。

1．1型糖尿病

　　（1）发病机制：胰岛素依赖型，主要是由于胰岛β细胞被破坏，导致胰岛素绝对缺乏引起；自身免疫因素在发病中起关键作用，多数患者体内可检测到多种针对胰岛β细胞的自身抗体。此外，遗传因素和环境因素（如病毒感染等）也可能参与发病过程。

　　（2）临床表现：多在儿童和青少年时期发病，但也可在任何年龄发病；起病比较急剧，体内胰岛素绝对不足，容易发生酮症酸中毒，表现为恶心、呕吐、腹痛、呼吸深快、呼气中有烂苹果味等；患者通常体型消瘦，"三多一少"（多饮、多食、多尿、体重减轻）症状明显。

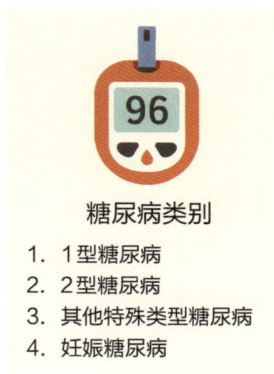

糖尿病类别

1．1型糖尿病
2．2型糖尿病
3．其他特殊类型糖尿病
4．妊娠糖尿病

图5-13　糖尿病类型

　　（3）常规治疗手段：需要依赖外源性胰岛素治疗来维持生命，终身使用胰岛素是主要的治疗方法。同时，配合饮食控制和适当运动。

2．2型糖尿病

　　（1）发病机制：是最常见的糖尿病类型，占糖尿病患者中的大多数；发病与胰岛素抵抗和胰岛素分泌不足均有关；胰岛素抵抗是指机体对胰岛素的敏感性降低，使胰岛素的作用效果减弱；随着病情进展，胰岛β细胞功能逐渐减退，胰岛素分泌相对不足；遗传因素、环境因素（如不良生活方式、肥胖、高热量饮食、体力活动不足等）、年龄增长等多种因素共同作用导致发病。

（2）临床表现：一般起病隐匿，早期症状不明显，常在体检或出现并发症时才被发现；部分患者可出现"三多一少"症状，但通常不如 1 型糖尿病明显。很多患者可能仅表现为皮肤瘙痒、视物模糊、手脚麻木或刺痛、伤口愈合缓慢等不典型症状；患者多为中老年人，但近年来有年轻化趋势。肥胖、有糖尿病家族史、高血压、高血脂等人群易患 2 型糖尿病。

（3）常规治疗手段：采取综合治疗措施，包括控制饮食、适量运动、药物治疗、血糖监测和糖尿病教育；根据病情可选择口服降糖药物，如二甲双胍、磺脲类、格列奈类、α-糖苷酶抑制剂、噻唑烷二酮类、二肽基肽酶-4（DPP-4）抑制剂、钠-葡萄糖协同转运蛋白 2（SGLT-2）抑制剂等。当口服药物治疗效果不佳或出现严重并发症时，可能需要使用胰岛素治疗。

3. 其他特殊类型糖尿病

（1）发病机制：由特定的遗传或疾病等因素引起，相对少见；包括遗传缺陷、内分泌疾病、胰腺疾病、药物或化学品所致糖尿病等。例如，某些遗传病患者由于特定基因缺陷导致糖尿病；一些内分泌疾病如库欣综合征、肢端肥大症等也可继发糖尿病；某些药物（如糖皮质激素、利尿剂等）长期使用可诱发糖尿病。

（2）临床表现：因病因不同，临床表现各异。可能具有原发病的症状和体征，同时伴有血糖升高的表现。

（3）常规治疗手段：主要针对病因进行治疗，同时控制血糖。去除病因后，部分患者的糖尿病可能得到缓解或治愈。

4. 妊娠糖尿病

（1）发病机制：指怀孕期间首次发生或发现的糖尿病；与孕期体内激素变化、胎盘分泌的激素抵抗胰岛素作用、孕妇体重增加、遗传因素等有关。

（2）临床表现：通常无明显症状，多在孕期进行血糖筛查时被发现；部分患者可能出现多饮、多食、多尿等症状，但容易被误认为是孕期正常反应。

（3）常规治疗手段：饮食控制和适当运动是基础治疗方法。如果血糖不能达标，需要使用胰岛素治疗。口服降糖药物在孕期的使用存在一定限制；孕期需密切监测血糖，控制血糖在合理范围内，以减少对孕妇和胎儿的不良影响。分娩后，多数患者的血糖可恢复正常，但有部分患者将来发展为 2 型糖尿病的风险增加。

108　1型糖尿病可以治愈吗？

2024年9月，我国科学家首次利用干细胞治疗1型糖尿病取得重大突破，新华社做了重点报道。报道指出：我国科学家在诱导多能干细胞治疗重大疾病研究中取得突破，首次利用干细胞再生疗法功能性治愈1型糖尿病。由天津市第一中心医院沈中阳、王树森研究组、北京大学昌平实验室邓宏魁研究组与杭州瑞普晨创科技有限公司组成的研究团队，利用化学重编程技术诱导多能干细胞制备胰岛细胞，并将其移植给1型糖尿病患者，取得了临床功能性治愈的疗效。该成果发表于国际权威期刊《细胞》。这一研究为广大的"糖友"们带来了新的希望，干细胞技术成为糖尿病治疗的新里程碑。

为什么干细胞可以治愈1型糖尿病呢？源于以下几个原因（图5-14）。

1. 多向分化潜能　干细胞具有多向分化潜能，尤其是间充质干细胞等类型的干细胞可以在特定条件下分化为胰岛 β 细胞。1 型糖尿病的主要问题是自身免疫攻击导致胰岛 β 细胞被破坏，胰岛素分泌严重不足。通过补充新分化生成的胰岛 β 细胞，可以恢复胰岛素的分泌功能，从而调节血糖水平。

2. 免疫调节作用

（1）抑制免疫反应：干细胞可以抑制针对胰岛 β 细胞的自身免疫反应。1 型糖尿病是一种自身免疫性疾病，患者的免疫系统错误地攻击自身的胰岛 β 细胞。干细胞可以通过分泌免疫调节因子，如白细胞介素 -10、转化生长因子 -β 等，抑制T细胞、B细胞等免疫细胞的活性，减少炎症反应，从而保护残存的胰岛 β 细胞，并阻止进

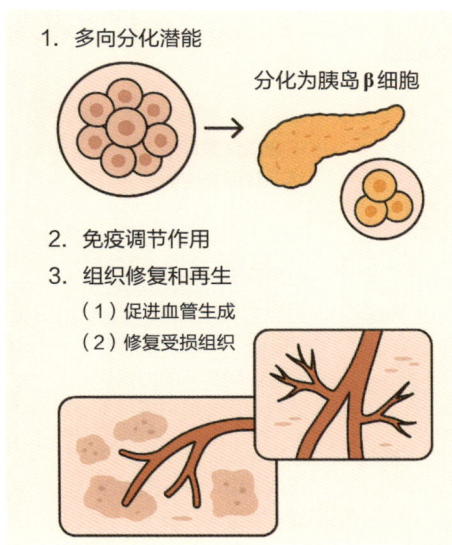

图5-14　干细胞治疗1型糖尿病

一步的免疫破坏。

（2）调节免疫平衡：干细胞能够调节免疫系统的平衡，促进免疫耐受的形成。它们可以诱导调节性T细胞（Tregs）的产生和增殖，Tregs具有抑制自身免疫反应的作用，有助于维持免疫系统的稳定，防止对胰岛β细胞的攻击。

3. 组织修复和再生

（1）促进血管生成：干细胞可以分泌血管内皮生长因子等因子，促进胰岛局部的血管生成，改善胰岛的血液供应和微环境。良好的血液供应有助于胰岛β细胞的存活和功能发挥，同时也为新生成的胰岛β细胞提供必要的营养和氧气支持。

（2）修复受损组织：干细胞还可以通过旁分泌作用分泌多种生物活性分子，如生长因子、细胞因子等，这些分子可以促进受损胰岛组织的修复和再生。它们可以刺激胰岛内的前体细胞或干细胞增殖分化，参与胰岛组织的重建。

虽然干细胞在治疗1型糖尿病方面显示出巨大的潜力，但目前仍处于研究和临床试验阶段，还需要进一步的研究来优化治疗方案、提高疗效和确保安全性。

109 干细胞治疗2型糖尿病具有哪些优势？

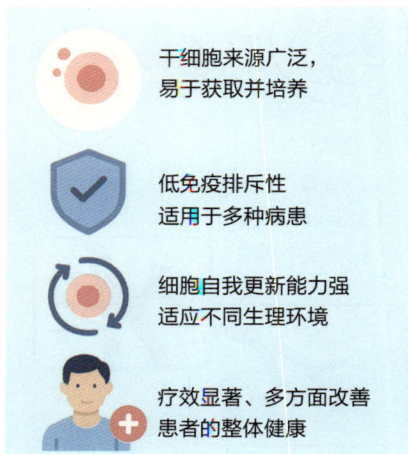

干细胞来源广泛，易于获取并培养

低免疫排斥性适用于多种病患

细胞自我更新能力强适应不同生理环境

疗效显著、多方面改善患者的整体健康

数十年来，世界各国的临床研究表明，干细胞能标本兼治，从根本上改善胰岛β细胞功能，而且可以避免传统治疗带来的身体损伤。这是干细胞治疗糖尿病的最大优势（图5-15）。如今，干细胞的安全性已得到广泛证实，由于其低免疫原性，能够有效减少排斥反应，所以特别适用于更广泛的患者群体，进一步拓展了治疗范围。

图5-15 干细胞治疗2型糖尿病的优势

第四节　痛风和甲状腺疾病的治疗

110 干细胞为什么对痛风疗效显著?

首先，我们应了解痛风的发病机制。之所以出现痛风，是因为人体的代谢系统和泌尿系统出了问题。

1. 代谢系统方面　痛风的发病基础是高尿酸血症。尿酸是嘌呤代谢的终产物。当体内嘌呤代谢紊乱，导致血尿酸生成过多，或者尿酸排泄减少时，血尿酸水平升高，就会形成尿酸盐结晶。这些结晶沉积在关节、软组织、肾脏等部位，引发炎症反应。例如，长期大量摄入高嘌呤食物（如动物内脏、海鲜、肉汤等）、饮酒等不良饮食习惯，以及遗传因素导致的嘌呤代谢酶缺陷，都可能引起尿酸生成过多，这是代谢环节出现问题导致的。

2. 泌尿系统方面　肾脏在尿酸排泄过程中起着关键作用。大约70%的尿酸通过肾脏排泄。如果肾脏功能异常，尿酸排泄减少，会使血尿酸升高，进而诱发痛风。而且，尿酸盐结晶容易在肾脏沉积，形成尿酸性肾结石，导致肾绞痛、血尿等症状，还可能引起肾功能损害，如慢性尿酸盐肾病等，这涉及泌尿系统的病变。

干细胞为什么对痛风有治疗效果呢？这主要基于以下几方面原因：①干细胞可以降低尿酸水平：干细胞可以改善肾脏的功能。由于肾脏是尿酸排泄的主要器官，干细胞能够分化为肾细胞，或通过旁分泌机制分泌多种细胞因子，促进肾脏细胞的修复和再生，从而增强肾脏对尿酸的排泄能力，有助于降低血尿酸水平（图5-16）。②干

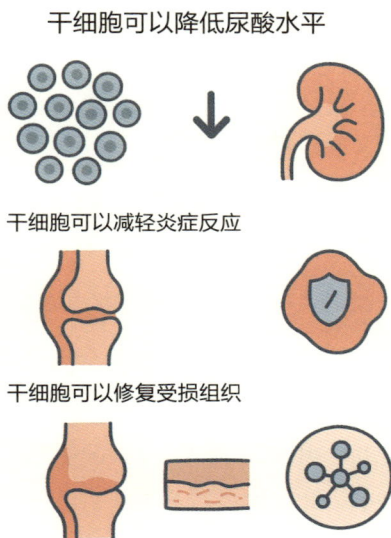

干细胞可以降低尿酸水平

干细胞可以减轻炎症反应

干细胞可以修复受损组织

图5-16　干细胞降低尿酸水平

细胞可以减轻炎症反应：痛风的急性发作是由于尿酸盐结晶沉积在关节及周围组织，激活炎症反应。干细胞具有免疫调节功能，能够抑制过度活跃的免疫细胞，如T细胞、B细胞和单核-巨噬细胞等的活性，减少炎症因子（如白细胞介素-1β、肿瘤坏死因子-α等）的释放，从而减轻关节的红肿热痛等炎症症状。③干细胞可以修复受损组织：尿酸盐结晶长期沉积在关节等部位会对关节软骨、滑膜等组织造成损伤。干细胞可以分化为软骨细胞、滑膜细胞等，替换受损的组织细胞，同时还能分泌多种生物活性物质，如生长因子、细胞外基质成分等，促进关节组织的修复和再生，改善关节功能。

111 干细胞对甲状腺结节有效吗？

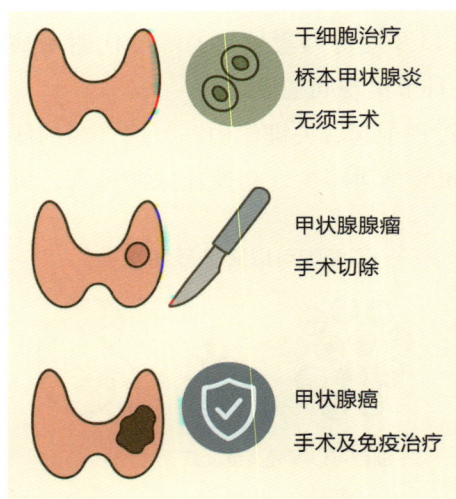

图5-17 干细胞治疗甲状腺结节

应该说，有些有效，有些无效，应区别不同情况辨证论治（图5-17）。

1. 单纯性甲状腺结节 这是最常见的一种情况。主要是由于甲状腺细胞异常增生导致的结节，可能与碘缺乏、碘过量、甲状腺激素合成酶缺陷等因素有关。比如在一些碘缺乏地区，甲状腺为了合成足够的甲状腺激素，会出现代偿性增生，形成结节。

2. 甲状腺炎性结节 最常见的是桥本甲状腺炎，这是一种自身免疫性甲状腺疾病。机体产生针对甲状腺自身的抗体，导致甲状腺组织不断被破坏，在这个过程中甲状腺会出现结节样改变。患者甲状腺功能可能逐渐减退，结节质地较硬。

3. 甲状腺腺瘤 这是一种良性肿瘤，起源于甲状腺滤泡细胞。甲状腺腺瘤可以单发也可以多发，结节一般呈圆形或椭圆形，质地稍硬，边界相对清楚，多数患者没有明显症状，少数可能会出现压迫症状，如压迫气管导致呼吸困难、压迫食管导致吞咽困难等。

4. 甲状腺癌　虽然甲状腺癌在甲状腺结节中所占比例相对较小，但也是需要重点关注的情况。主要包括乳头状癌、滤泡状癌、髓样癌和未分化癌。其中乳头状癌最为常见，甲状腺结节质地硬，边界不清，形态不规则，可伴有同侧颈部淋巴结肿大。髓样癌可能与遗传因素有关，除了结节外，还可能出现腹泻、面部潮红等症状。未分化癌恶性程度最高，进展迅速，患者预后较差。

以上4种情况应区别对待，针对其不同特性进行处置。干细胞对单纯性和炎性甲状腺结节效果较好，尤其是对和桥本氏甲状腺炎有特效，没有特殊情况不需要手术；甲状腺腺瘤属于良性肿块，手术切除即可，而且复发率很低；甲状腺癌则需在手术治疗的同时，加用免疫细胞提升机体免疫力，健全机体免疫系统，以最大限度地阻止癌症的复发和转移。

112　为什么说干细胞对桥本氏甲状腺炎有特效？

桥本氏甲状腺炎以前被称为难治性疾病，药物治疗难度较大，副作用严重且难以避免，干细胞的问世为这些患者带来了曙光（图5-18）。

1. 干细胞可以调节免疫系统　桥本氏甲状腺炎是一种自身免疫性疾病，患者体内免疫系统会错误地攻击甲状腺组织。干细胞，特别是间充质干细胞具有强大的免疫调节能力，可以通过细胞-细胞间直接接触、分泌可溶性因子等方式来调节免疫细胞，如抑制T细胞、B细胞的过度激活，减少自身抗体

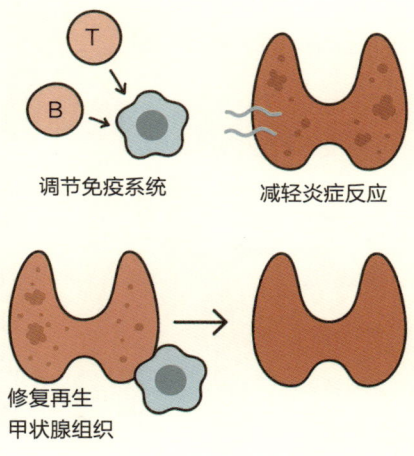

图5-18　干细胞治疗桥本氏甲状腺炎

的产生。这种免疫调节作用有助于减轻免疫系统对甲状腺组织的攻击，从根源上缓解桥本氏甲状腺炎的发病机制。

2. 干细胞可以促进甲状腺组织的修复和再生　随着桥本氏甲状腺炎的进展，甲状腺组织会受到持续的破坏。干细胞具有多向分化潜能，理论上可

以分化为甲状腺滤泡细胞等甲状腺组织相关细胞，对受损的甲状腺组织进行修复和替代。同时，干细胞还能分泌多种生长因子，如血管内皮生长因子（VEGF）、胰岛素样生长因子（IGF）等，这些生长因子可以促进甲状腺组织的再生和修复，改善甲状腺的结构和功能。

3. 干细胞可以减轻甲状腺组织的炎症反应 炎症在桥本氏甲状腺炎的发病过程中起到重要作用。干细胞能够分泌抗炎细胞因子，如白细胞介素-10（IL-10）和转化生长因子-β（TGF-β）等，这些抗炎因子可以抑制炎症细胞的聚集和炎症介质的释放，减轻甲状腺组织的炎症反应，缓解患者的症状。

第五节 自身免疫性疾病的治疗

113 什么叫自身免疫性疾病？

自身免疫性疾病是指机体对自身抗原发生免疫反应而导致自身组织损害所引起的疾病（图5-19）。

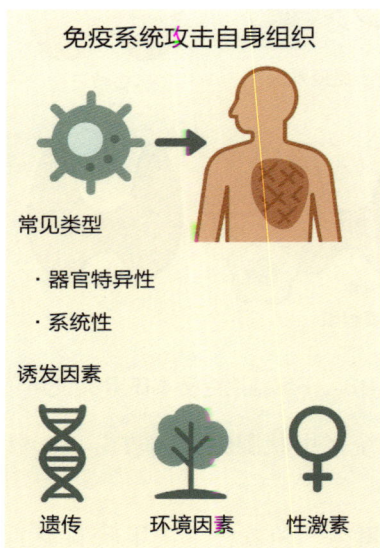

图5-19 自身免疫性疾病

1. 发病机制 从根源上来说，自身免疫性疾病是免疫系统出现了问题。正常情况下，免疫系统能够识别"自我"和"非我"，当免疫系统错误地将自身组织和细胞识别为外来病原体进行攻击时，就会引发自身免疫性疾病。例如系统性红斑狼疮，是一种典型的自身免疫性疾病，免疫系统产生的自身抗体可以攻击全身多个器官和组织，涉及免疫系统自身的功能紊乱。

2. 常见类型

（1）器官特异性自身免疫病：病变主要局限于某一特定的器官。比如，桥本甲状腺炎主要累及甲状腺。患者体内的自身抗体会破坏甲状腺细胞，导致甲状腺功能减退。胰岛素依赖型糖尿病（1型糖尿病）主要是免疫系统破坏胰岛 β 细胞，使胰岛素分泌不足，引起血糖升高。

（2）系统性自身免疫病：可以累及全身多个系统和器官。除了上面提到的系统性红斑狼疮外，类风湿关节炎也是常见的系统性自身免疫病。它主要侵犯关节滑膜，自身抗体和炎性细胞因子导致滑膜炎症，进而破坏关节软骨和骨质，患者会出现关节疼痛、肿胀、畸形等症状。

3. 诱发因素 自身免疫性疾病的发病原因复杂。遗传因素在其中起重要作用，某些基因的突变或多态性可能使个体易患自身免疫性疾病。例如，人类白细胞抗原（HLA）基因与许多自身免疫性疾病相关。环境因素也能诱发疾病，如感染（病毒、细菌等）可能通过分子模拟等机制触发自身免疫反应。另外，性激素也对自身免疫性疾病的发生有影响，女性患某些自身免疫性疾病（如系统性红斑狼疮）的概率高于男性，可能与雌激素等性激素对免疫系统的调节有关。

114 哪些病属于自身免疫性疾病？

自身免疫性疾病种类有很多，常见种类见图5-20。

1. 系统性自身免疫性疾病

（1）系统性红斑狼疮（SLE）：这是一种典型的系统性自身免疫病。它可以累及全身多个系统，如皮肤（出现蝶形红斑、盘状红斑）、肾脏（蛋白尿、血尿等肾炎表现）、血液系统（白细胞减少、血小板减少、贫血）、关节（关节炎）和心血管系统等。患者体内存在多种自身抗体，如抗核抗体（ANA）、抗双链

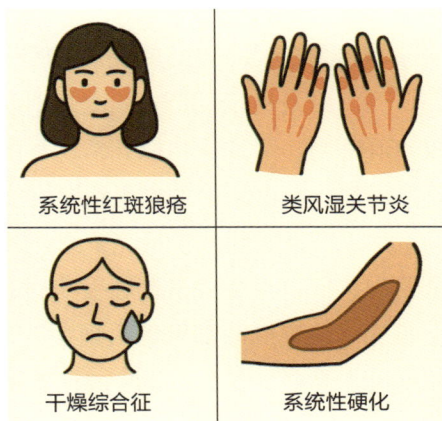

图5-20 自身免疫性疾病种类

DNA抗体、抗Sm抗体等，这些抗体在疾病的诊断和病情评估中都有重要意义。

（2）类风湿关节炎（RA）：主要侵犯关节，以对称性、多关节肿胀、疼痛、畸形为主要表现。其病理基础是滑膜炎，炎性细胞浸润关节滑膜，释

放炎性介质，破坏关节软骨和骨组织。类风湿因子（RF）和抗环瓜氨酸肽（抗-CCP）抗体是诊断类风湿关节炎的重要血清学标志物。

（3）干燥综合征（SS）：主要累及外分泌腺体，如唾液腺和泪腺。患者会出现口干（进食干性食物需用水送服）、眼干（有磨砂感）等症状。同时，它也可累及全身其他器官，如肺、肾、血液系统等。抗SSA和抗SSB抗体在干燥综合征的诊断中有较高的特异性。

（4）系统性硬化（SSc）：也叫硬皮病，可导致皮肤变硬、变厚，并且可以累及内脏器官，如胃肠道（食管蠕动减弱，引起吞咽困难）、肺（肺间质纤维化）、心脏（心肌纤维化）和肾脏（肾危象）等。患者体内可出现抗Scl - 70抗体、抗着丝点抗体等自身抗体。

2. 器官特异性自身免疫性疾病

（1）桥本甲状腺炎：是一种常见的自身免疫性甲状腺疾病。自身抗体（如甲状腺过氧化物酶抗体和甲状腺球蛋白抗体）攻击甲状腺组织，导致甲状腺细胞破坏，最终引起甲状腺功能减退。患者可能出现怕冷、乏力、体重增加、便秘等症状。

（2）1型糖尿病：主要是由于自身免疫反应破坏胰岛β细胞，使胰岛素分泌绝对不足。患者需要终身依赖胰岛素治疗，发病初期可能有多饮、多食、多尿、体重减轻的"三多一少"症状。

（3）自身免疫性肝炎：是一种肝脏的自身免疫性疾病。患者的免疫系统攻击肝细胞，导致肝功能异常，可出现乏力、黄疸（皮肤和巩膜黄染）、肝区疼痛等症状，血清中可检测到抗核抗体、抗平滑肌抗体等自身抗体。

（4）炎性肠病（包括克罗恩病和溃疡性结肠炎）：虽然其确切病因尚未完全明确，但自身免疫机制在发病过程中起重要作用。克罗恩病可累及全消化道，从口腔到肛门都可能出现病变，表现为腹痛、腹泻、肠梗阻等；溃疡性结肠炎主要累及直肠和结肠，有黏液脓血便、腹痛、里急后重等症状。

115 干细胞对哪些自身免疫性疾病疗效较好？

1. 系统性红斑狼疮 干细胞治疗系统性红斑狼疮主要是通过调节免疫系统。间充质干细胞（MSC）可以抑制过度活跃的免疫细胞，如T细胞、B细胞和自然杀伤细胞（NK细胞）的功能。
研究表明，MSC能够分泌多种细胞因
子和生长因子，这些物质可以诱导免
疫耐受，减少自身抗体的产生。例如，
间充质干细胞移植后，患者血清中的
抗双链DNA抗体等自身抗体水平明显
下降，并且能够改善狼疮性肾炎等脏
器受累情况，减少蛋白尿，缓解病情
（图5-21）。

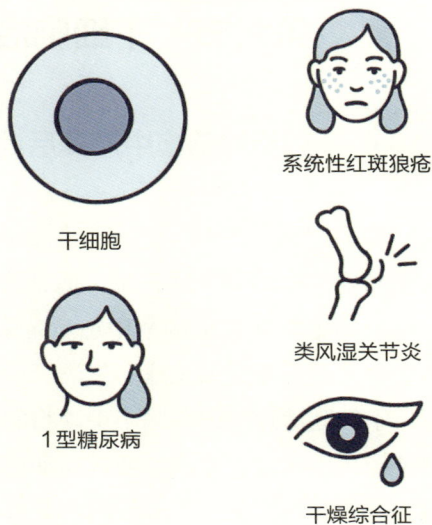

图5-21　干细胞与免疫性疾病

2. 类风湿关节炎　干细胞可以
靶向作用于关节滑膜的炎症部位。对
于类风湿关节炎，间充质干细胞能够
迁移到关节滑膜组织，抑制滑膜细胞
的过度增殖和炎性介质的释放。它还
可以调节免疫细胞在关节局部的浸润，
减轻炎症反应。同时，干细胞的旁分泌作用可以促进关节软骨和骨组织的修复。
一些临床研究发现，干细胞治疗后，患者关节疼痛、肿胀等症状得到缓解，关节
功能有所改善。

3. 1型糖尿病　干细胞主要通过分化为胰岛样细胞和调节免疫来发挥作
用。间充质干细胞可以在一定条件下分化为胰岛素分泌细胞，补充胰岛 β 细
胞的不足。此外，它还能抑制自身免疫反应对胰岛细胞的破坏。在动物模型
和一些初步临床研究中，干细胞治疗后，部分患者的血糖控制得到改善，胰
岛素用量减少，这为1型糖尿病的治疗提供了新的思路。

4. 干燥综合征　干细胞可以改善外分泌腺的功能。间充质干细胞能够迁
移到唾液腺和泪腺等外分泌腺组织，通过分泌细胞因子等方式促进腺体细胞
的再生和修复。它还能调节免疫，减少腺体组织中的炎症反应，从而缓解口
干、眼干等症状。

5. 银屑病（牛皮癣）　银屑病属于自身免疫性疾病，病因与遗传和免疫
因素有关。干细胞治疗银屑病的原理是用干细胞的再生能力和免疫调节功能
以及抗炎作用来治疗银屑病，疗效较为显著。

第六节　干细胞治疗脑卒中及其后遗症

116 干细胞对脑卒中及其后遗症疗效如何？

脑卒中又称中风，主要包括脑出血和脑梗死两种类型。中国脑卒中的发病率和死亡率均具全球首位，而且治疗效果不尽如人意，致残率极高。

干细胞的问世给脑卒中患者带来了福音（图5-22），不仅挽救了大量患者的生命，而且是无数偏瘫、失语等后遗症患者恢复或部分恢复了功能。这是因为：干细胞治疗能改善脑卒中动物的神经功能缺损症状，缩小脑梗死体积，促进神经再生和血管生成。使其运动功能和认知功能明显改善，梗死灶周围有大量神经元和血管新生；干细胞治疗可使脑卒中患者神经功能有一定改善，提高生活质量。在接受干细胞治疗后，在肢体运动、语言功能等方面有更好恢复。

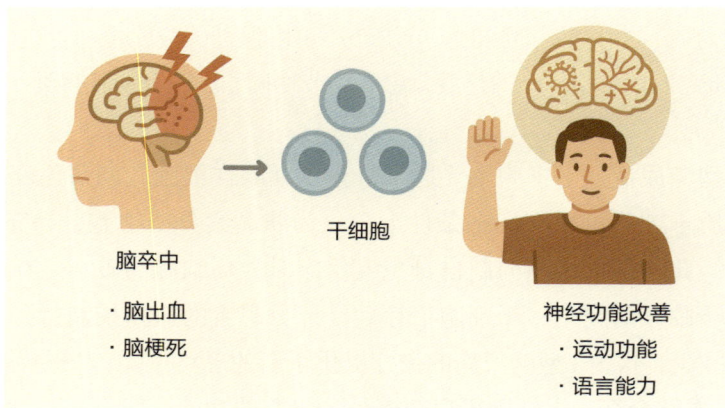

脑卒中
· 脑出血
· 脑梗死

干细胞

神经功能改善
· 运动功能
· 语言能力

图5-22　干细胞治疗脑卒中

117 干细胞治疗脑卒中及其后遗症的原理何在？

干细胞治疗脑卒中的机制主要涉及细胞替代、分泌细胞因子和促进血管生成（图5-23）。

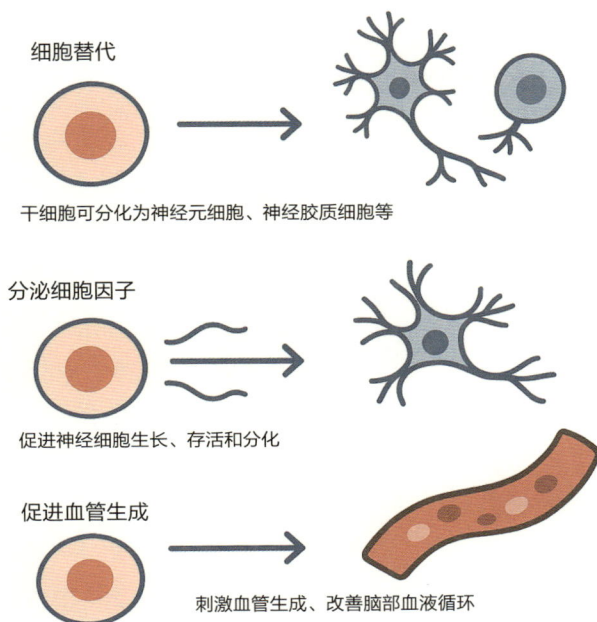

细胞替代

干细胞可分化为神经元细胞、神经胶质细胞等

分泌细胞因子

促进神经细胞生长、存活和分化

促进血管生成

刺激血管生成、改善脑部血液循环

图5-23　干细胞治疗脑卒中的机制

1. 细胞替代　干细胞可分化为神经元细胞、神经胶质细胞等，替代因脑卒中受损死亡的细胞，恢复神经功能。

2. 分泌细胞因子　能分泌多种细胞因子，如神经生长因子等，促进神经细胞的生长、存活和分化，还可调节免疫，减轻炎症反应，为神经修复营造良好微环境。

3. 促进血管生成　刺激血管内皮细胞增殖分化，形成新血管，改善脑部血液循环，为受损脑组织提供养分。

第七节　干细胞治疗神经变性性疾病

118　神经变性性疾病包括哪些？

神经变性性疾病是一类以神经元结构和功能进行性退变为主要特征的

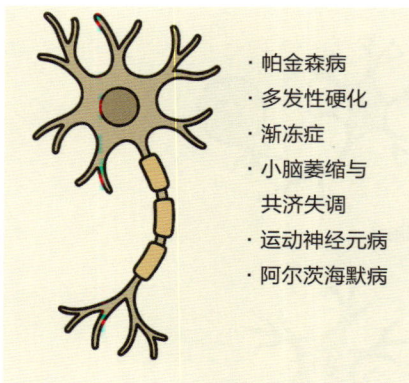

图5-24　神经变性性疾病

神经系统疾病，常见的有帕金森病、多发性硬化（MS）和肌萎缩侧索硬化症（ALS，又称渐冻症）、小脑萎缩和共济失调（SCA）、运动神经元病、阿尔茨海默病（AD）等。这一类疾病以前几乎是不治之症，干细胞为他们带来了新的希望。近些年来，国内外生物医学专家和医务工作者联手治疗了成千上万名神经变性性疾病患者，取得了十分可喜的治疗效果（图5-24）。

119　你了解帕金森病吗？

帕金森病，也常被称为"震颤麻痹"，是一种神经系统退行性疾病（图5-25）。这个疾病的主要原因是由于黑质多巴胺能神经元的退化和死亡，可能与遗传、环境因素及神经系统老化等多种因素有关。公认的观点是，衰老是帕金森病发生的最重要因素，疾病具有显著的老年高发特性，男性发病率稍高于女性。帕金森病的症状各异，主要表现为运动和非运动两类症状。运动症状包含静止性震颤、肌强直、运动迟缓以及姿势平衡障碍。非运动症状

图5-25　帕金森病

主要包括便秘、嗅觉障碍、睡眠障碍、自主神经功能障碍及精神、认知障碍等。治疗帕金森病主要采取药物治疗和手术治疗。药物治疗包括但不限于单胺氧化酶B型（MAO-B）抑制剂、多巴胺受体（DR）激动剂、儿茶酚-O-甲基转移酶（COMT）抑制剂等。手术治疗主要有神经核毁损术和脑深部电刺激术（DBS）。由于药物治疗效果欠佳，而且副作用较大，患

者较难长期承受，开刀又有风险，而且术后极易复发，所以患者饱受此病折磨。

120　干细胞治疗帕金森病有何特点？

1. 安全可靠，痛苦极小，既可免受长期服药带来的毒副作用，又可免遭手术带来的风险和创伤（图5-26）。

2. 疗效显著，"立竿见影"，用后会立即起效，部分患者震颤会很快见减轻或停止，肌张力会大大降低，僵直状态大大缓解。

3. 标本兼治，"长治久安"，因为帕金森病的病理改变主要是脑萎缩和脑组织（黑质）变性，而干细胞的主要功能是在细胞这个层面修复组织损伤，所

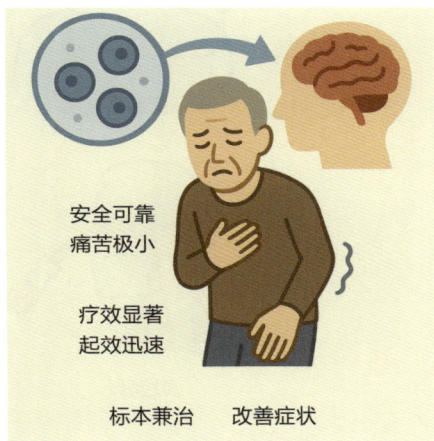

安全可靠
痛苦极小

疗效显著
起效迅速

标本兼治　　改善症状

图5-26　干细胞治疗帕金森病的特点

以起到了标本兼治的作用，疗效肯定而又持久。

4. 可以附带治疗一些相关疾病。由于干细胞可以全面修复组织损伤，改善器官功能，而帕金森病患者又同时伴随很多基础性疾病，如心脑血管病、肝肾疾病、内分泌和免疫系统疾病等，使用干细胞后，可以对这些疾病同时产生功效，从而大大提升健康水平。

121　干细胞治疗帕金森仅有静脉输注途径吗？

否。针对帕金森病有多种治疗途径（图5-27），静脉输注仅为其中一种，还有椎管内注射、鼻腔吸入、病变部位定向植入、干细胞外泌体皮下埋藏等，通过这些特殊途径治疗的好处在于：让通过血脑屏障的细胞量和重要成分大大增加，从而进一步提高治疗效果。

帕金森病的干细胞治疗

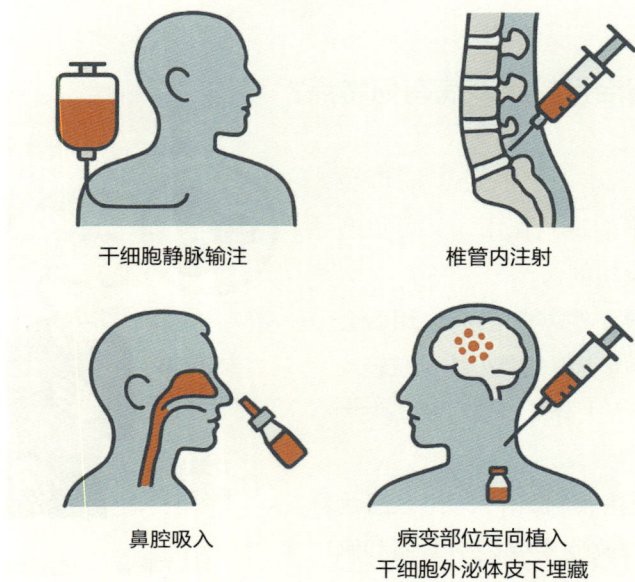

干细胞静脉输注

椎管内注射

鼻腔吸入

病变部位定向植入
干细胞外泌体皮下埋藏

图5-27 干细胞治疗帕金森

122 用干细胞治疗阿尔茨海默病有希望吗?

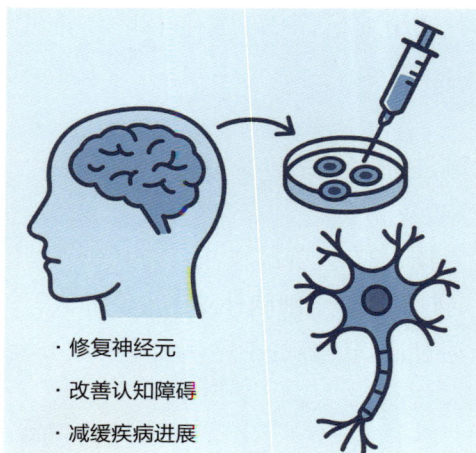

· 修复神经元

· 改善认知障碍

· 减缓疾病进展

图5-28 干细胞治疗阿尔茨海默病

有。阿尔茨海默病的干细胞治疗研究正在积极进行中。研究人员利用诱导多能干细胞技术,生成针对患者特定病症的细胞疗法,旨在修复受损的神经元,减缓或逆转认知障碍的进程。这项研究具有巨大的潜力,为阿尔茨海默症的治疗开辟了新的道路,有望为患者带来更持久、更有效的治疗方案(图5-28)。

近年来,干细胞治疗阿尔茨海默病已取得显著进展。最新的研究表明，利用特定类型的干细胞可以改善记忆丧失、认知障碍和神经元死亡等症状，通过细胞再生和神经保护机制来减轻阿尔茨海默病的病理表现。同时，研究发现，干细胞移植还可能有助于恢复神经网络的正常功能，提高患者的生活质量。未来，随着干细胞技术的进一步发展，我们有望看到更多有效的阿尔茨海默病治疗方法。

第八节　干细胞治疗精神类疾病和脊髓损伤

123　干细胞治疗抑郁症的前景如何？

抑郁症又称为抑郁障碍，是以显著而持久的心境低落为主要临床特征的一种疾病（图5-29）。由于抑郁症发病机制异常复杂，生物学机制尚不明确，所以临床上抑郁症的治疗受到阻碍，药物也只能暂缓症状。有学者认为，情绪低落会导致5-羟色胺下降，引起干细胞功能受损，从而使得细胞的正常修复和再生受到抑制，影响身体免疫功能，为干细胞治疗抑郁症、焦虑症等情绪性疾病提供了新的策略。

全球约 1/20 的人有抑郁症

成年人终生患病率 6.8%

我国每年约 28万人自杀，约40%的人患有抑郁症

图5-29　抑郁症

多年来，国内外科学家们致力于干细胞治疗抑郁症的研究，并成功治愈了一大批抑郁症患者。他们发现：间充质干细胞能通过特定的生理通路显著改善抑郁和焦虑行为，为抑郁症的治疗提供了新的科学依据。经过干细胞治

疗，患者病情有所改善，表现为出现乐观态度，及更生动的面部表情，甚至一些重度抑郁症患者，抑郁程度明显下降，自杀倾向也明显降低，且Beck评分结果在中度抑郁范围的最低水平。

如今，干细胞及其衍生的外泌体已开始在全球范围内的抑郁症临床试验中显示潜力，充分证实了间充质干细胞及其外泌体的安全性、有效性和耐受性，并解释了干细胞在治疗抑郁症方面巨大的潜力和生命力。

124　人类有望在不久的将来治愈精神病吗？

在现代医学的进步中，精神疾病一直是一个难以攻克的难题。随着科学技术的不断发展，干细胞治疗逐渐成为一种希望的曙光。到2030年，干细胞或许能够为我们这些饱受精神疾病折磨的人们带来真确的治愈可能。

研究表明，干细胞能够通过多种机制发挥作用，例如促进神经再生、减轻炎症反应以及调节神经递质的平衡。这些机制不仅可以缓解现有症状，还可能逆转某些精神疾病的病理变化。例如，对于精神分裂症患者，干细胞治疗也有望通过修复受损的神经通路，帮助他们恢复正常的思维和行为；对于抑郁症患者，干细胞治疗能够有效提升脑内的神经生长因子，促进神经细胞的生长和连接，从而改善情绪和认知功能。干细胞是具有自我更新和分化潜能的细胞，能够转化为多种类型的细胞。近年来，科学家们在干细胞研究方面取得了明显进展，特别是在神经系统和精神健康领域。通过提取患者自身的干细胞，研究人员能够在实验室中培养出健康的神经细胞。这一过程不仅为我们提供了新的治疗思路，还为精神疾病的根源提供了新的解读。干细胞的应用，意味着我们可以从根本上修复因疾病而受损的神经网络，从而改善患者的症状。

尽管在精神类疾病的干细胞治疗上面临诸多挑战，但我们有理由相信：随着科学技术的不断进步，干细胞治疗完全可能成为一种常规的治疗手段，帮助我们摆脱精神疾病的束缚。

125　干细胞有可能让脊髓损伤或截瘫患者站起来吗？

干细胞治疗为脊髓损伤或截瘫患者站起来带来了一定希望，但目前还不能完全肯定地说干细胞能让这类病人站起来，具体原因如下。

1. 理论依据与积极探索

（1）神经修复与再生：干细胞具有分化为神经细胞的潜能，可替代因脊髓损伤而死亡或受损的神经细胞，重建神经通路。在一些动物实验中，干细胞移植后能在损伤部位分化为神经元和神经胶质细胞，促进了神经组织的修复和再生，部分恢复了动物的运动功能。

（2）改善微环境：干细胞可分泌多种神经营养因子，如脑源性神经营养因子、神经生长因子等，这些因子能促进神经细胞的存活、生长和分化，还可以改善损伤局部的微环境，减少神经细胞的凋亡，为神经再生创造有利条件。同时，干细胞还能调节免疫反应，减轻脊髓损伤后的炎症反应，有助于保护神经组织。

2. 现实挑战与限制

（1）临床研究结果差异：尽管有部分临床试验显示干细胞治疗对脊髓损伤患者有一定积极效果，如患者的感觉功能、运动功能有一定程度的改善，但也有一些研究未得出明显有效的结论。不同研究在治疗效果上的差异，可能与干细胞的来源、类型、移植方法、治疗时机以及患者个体差异等多种因素有关。

（2）技术难题待解决：如何让移植的干细胞精准地分化为所需的神经细胞，并与宿主的神经组织形成有效的连接，仍是尚未完全解决的技术难题。此外，长期来看，干细胞治疗的安全性也需要进一步观察和评估。

综上所述，干细胞治疗脊髓损伤或截瘫是一个有前景的研究方向，但目前仍处于不断探索和完善阶段，距离完全实现让患者站起来这一目标还有很长的路要走。

第九节　干细胞治疗心血管疾病

126 为什么说干细胞是可以标本兼治心血管病的佳品？

干细胞在心血管病治疗上最突出的优点应是标本兼治，干细胞尤其是脐带间充质干细胞，由于其修复组织损伤的能力强，免疫原性低，异体输入无排斥反应，避免了伦理争议，所以在心血管病的治疗上很受欢迎，并有着广泛的应用前景（图5-30）。

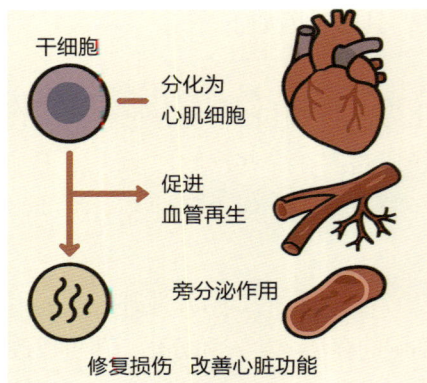

图5-30 干细胞治疗心血管病

为什么说干细胞是可以标本兼治心血管病的佳品，这是它的作用机制决定的。干细胞治疗心血管病的作用机理。

1. 可以直接分化为心肌细胞，从而起到改善心脏功能的作用。

2. 可以分化为血管内皮细胞，也可以分化为血管源性细胞，促进血管再生，在缺血及其梗死部位形成新生毛细血管，重建梗死部位血运，增加缺血区的灌注，减少梗死范围，从而起到保护心肌的作用。

3. 期待间充质干细胞有旁分泌作用，即进入病变部位后，干细胞可以产生大量的生物活性因子，包括血管内皮生长因子、成纤维细胞生长因子、促肝细胞生长因子、胰岛素样生长因子等，这些旁分泌因子具有抗炎、抗凋亡、减轻纤维化、促进新生血管形成、调节机体免疫、减轻心脏负荷等作用，可帮助修复受损组织并切实改善心脏功能。

127 干细胞是心肌梗死的克星吗？

是的。心肌梗死分为急性心肌梗死和陈旧性心肌梗死两种。心肌梗死是一种十分凶险的病症，死亡率极高，必须争分夺秒挽救生命。采用干细胞对心肌梗死标本兼治协同治疗，已被证明是临床中十分安全有效的治疗方法。

急性心肌梗死是冠状动脉急性、持续性缺血缺氧所引起的心肌坏死，临床上多有剧烈而持久的胸骨后疼痛，休息及服用硝酸酯类药物后不能缓解，伴有血清心肌酶活性增高及进行性心电图变化，可并发心律失常、休克或心力衰竭，常可危及生命。治疗原则是拯救濒死的心肌，缩小梗死面积，保护心脏功能，及时处理各种并发症，如采用硝酸甘油等药物、溶栓、介入取血栓或搭桥手术。在溶栓、介入取血栓、或支架搭桥手术成功以后，联合使用干细胞治疗的目的，是尽可能减小梗死灶面积，最大限度地恢复心室肌肉的正常体积和结构，提高心室射血功能。

陈旧性心肌梗死通常在急性心肌梗死的6个月后复发，最常见的症状是胸痛和胸部发闷，多在劳累、情绪激动、受寒、饱餐等因素诱发。在冠状动脉血管保持部分通畅的前提下，联用干细胞的治疗目的也是标本兼治（图5-31），最大限度地促进心室肌肉的再生和正常结构的维持，提高心室的射血能力，从而从根本上进一步改善和提升心脏的功能。

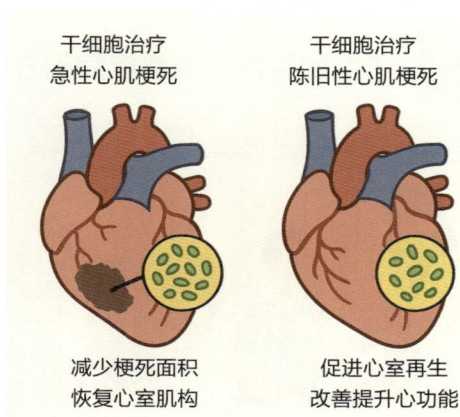

图5-31 干细胞治疗心肌梗死

以上这些治疗效果，是用其他任何治疗方法都难以企及和实现的，所以，干细胞被称为心肌梗死的克星绝非夸张。

128 干细胞为什么可以治疗心衰？

心衰即心力衰竭，是由于心脏的各种器质性病变导致心脏的收缩或舒张功能障碍，因起体循环或肺循环淤血，产生呼吸困难或肢体水肿，容易威胁生命。干细胞治疗的目的在于促进心室血管和肌肉的快速再生，提高心肌的射血能力，从而改善心脏功能，促进机体恢复（图5-32）。

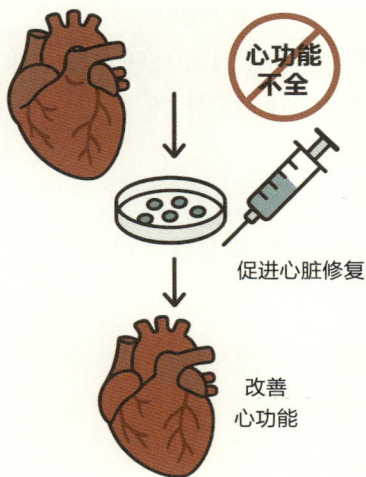

图5-32 干细胞治疗心衰

为什么干细胞治疗心衰、心肌梗死等病症效果显著，科学家们对其机理的解释是：干细胞可以对炎症进行正向调节，减少心肌细胞的凋亡，减少心肌纤维化的发生，促进旁分泌和内皮细胞的分化，促进侧枝血管的发育和重生，从而大大改善心肌重塑、灌注和收缩功能。

129 干细胞治疗心血管疾病的方法有哪些?

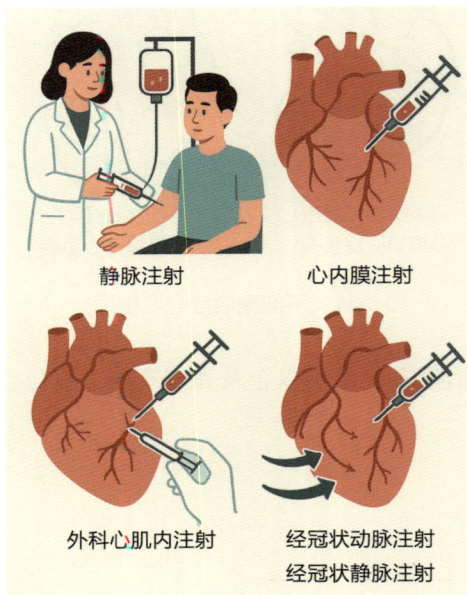

图 5-33　干细胞治疗心血管疾病的方法

1. **静脉注射**　优点在于安全可靠,操作简单,创伤小而且并发症发生率极低,可以反复多次注射,缺点是输注后的干细胞广泛分布在肺脏、肝脏、脾脏及网状内皮系统,可能会导致效价减低,需要较大的量才能取得显著疗效(图 5-33)。

2. **外科心肌内注射**　优点在于细胞数量和细胞迁移率明显提高,缺点是创伤性操作有风险。

3. **经冠状动脉注射干细胞**　这是临床研究中最常用的方法之一,该方法一般与经皮冠脉介入术(PCI)同时进行,细胞通过特殊的球囊导管输送到再通的冠状动脉,细胞直接输送到冠状动脉,避免了静脉注射干细胞和再分布时的细胞耗损。

4. **经冠状静脉注射干细胞**　与经冠状静脉注射心肌保护液的方法相似,可对心肌起到良好的治疗效果,而且对那些冠状动脉严重狭窄、侧支循环很差的患者尤为适用。

5. **心内膜注射干细胞**　心内膜注射干细胞可以作为一种独立的移植方法,这种方法是在电机械标测的引导下完成的,安全性和有效性较高。

第十节　干细胞治疗消化系统疾病

130 干细胞能治好溃疡性结肠炎和克罗恩病吗?

溃疡性结肠炎和克罗恩病属于炎性肠病范畴,简称IBD,是发生在肠道的病因不明的慢性非特异性炎性疾病，主要包括溃疡性结肠炎和克罗恩病两种类型。常表现为腹痛、腹泻、黏液脓血便、肠梗阻、肠穿孔甚至癌变，因病情反复、迁延，严重影响患者日常生活质量。其发病机制目前认为是肠黏膜屏障被破坏，免疫细胞及其分泌的细胞因子失调，导致对肠道微生物的免疫应答失调，引起慢性肠道黏膜损伤。目前无理想治疗方法，干细胞疗法被认为是最有希望的治疗策略（图5-34）。

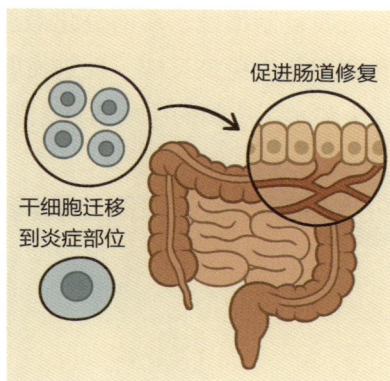

图5-34　干细胞治疗溃疡性结肠炎和克罗恩病

　　国内外大量基础和临床研究显示，干细胞对炎性肠病的治疗安全有效，甚至对难治性克罗恩病治疗有着独特的优势，极大地改善了患者的生活质量，这与干细胞治疗炎性肠病的可能机制有关，即与选择性地迁移到受损组织和炎症部位，促进肠道受损上皮的再生和血管生成有关。

131　干细胞能使肝硬化"软化"吗?

　　能，而且效果很好（图5-35）。

　　肝硬化是一种常见的由脂肪肝、酒精肝、甲肝、乙肝、丙肝等病因引起的肝脏慢性、进行性病变，是在肝细胞广泛变性和坏死基础上产生肝纤维组织弥漫性增生，并形成再生结节和假小叶，导致正常肝小叶结构和血管解剖的破坏。病变逐渐进展，晚期出现肝衰竭、门静脉高压和多种并发症。

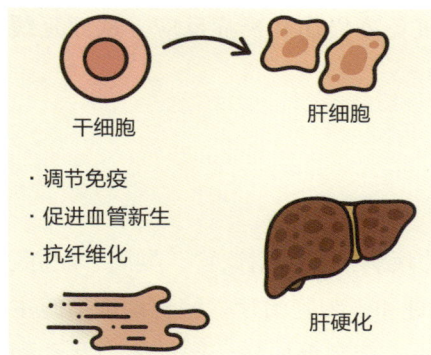

图5-35　干细胞治疗肝硬化

　　肝硬化的转归通常是慢性肝衰竭，除肝移植外目前还没有有效的治疗手段，但肝移植手术风险高、肝源有限，多数患者不能得到有效救治。干细胞具有自我复制增殖、多向分化潜能的特性，能够被诱导分化为肝细胞，同时还有调节免疫免疫反应、促进血管新生、抗纤维化等功能，所以在肝硬化的治疗上显示了广阔的应用前景，被称为唯一可以使肝脏"软化"的治疗方法。

132 干细胞可以阻止酒精肝向肝硬化转变吗？

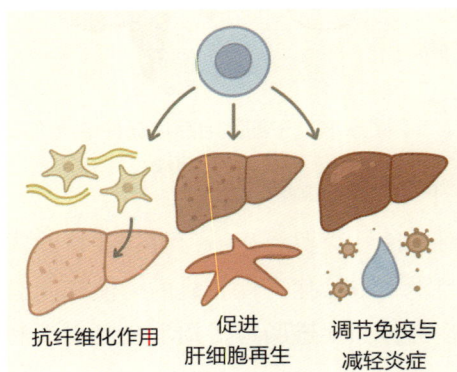

图 5-36 干细胞可阻止酒精肝向肝硬化转变

抗纤维化作用　促进肝细胞再生　调节免疫与减轻炎症

可以，但前提是戒酒，因为单纯干细胞移植无法完全逆转酒精性肝病，必须配合戒酒、营养支持和药物治疗。若患者持续饮酒，干细胞可能无法在炎症环境中有效存活或发挥作用（图5-36）。

干细胞通过以下作用延缓或阻止酒精性肝病进展为肝硬化。

1. 抗纤维化作用　干细胞通过分泌细胞因子抑制肝星状细胞活化，减少胶原蛋白沉积，从而减缓或逆转肝纤维化进程。

2. 促进肝细胞再生　干细胞可定向分化为肝样细胞或通过旁分泌作用激活内源性肝干细胞，促进受损肝细胞的修复和再生，肝功能检查会发现多项指标出现明显改善。

3. 调节免疫与减轻炎症　干细胞通过降低炎症因子（如TNF-α、IL-6）表达，增加抗炎因子（如IL-10），减少肝脏免疫损伤和炎症反应，从而延缓疾病进展。

133 脂肪肝的治疗前景如何？

脂肪肝是一种在肝脏中积累过多脂肪的疾病，与高脂饮食、酗酒、肥胖、2型糖尿病等有关，有效处理方式是综合调理和干细胞治疗。综合调理措施主要有饮食调整、控制体重、戒酒或限制饮酒、控制糖尿病、增加体力活动和体育锻炼、药物和手术治疗，但这些传统治疗主方法存在一定的局限性。改变生活方式需要患者有较强的自律性，且效果往往较慢；药物治疗可能会带来一些不良反应；手术治疗则适用于少数严重肥胖患者，且存在一定的风险。寻找一种安全、有效的脂肪肝治疗方法成为当务之急。

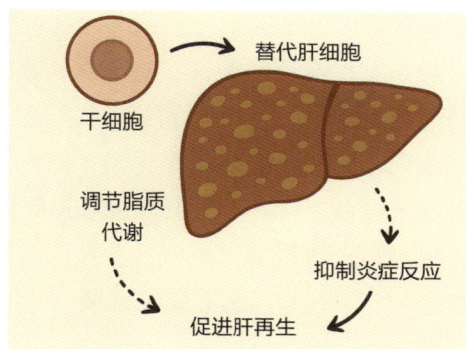

图5-37　干细胞治疗脂肪肝

干细胞的出现为治疗脂肪肝开辟了一条新的有效途径，干细胞治疗脂肪肝有多种机制（图5-37）。

1. 替代受损肝细胞　干细胞可以分化为肝细胞，替代受损的肝细胞，恢复肝脏的正常功能。间充质干细胞移植后，可以在肝脏内定植并分化为肝细胞，表达肝细胞特异性标志物，如白蛋白、甲胎蛋白等。

2. 调节脂质代谢　干细胞可以通过调节脂质代谢，减少肝细胞内脂肪的沉积。间充质干细胞可以分泌多种生物活性因子，如脂蛋白脂酶、肝细胞受体等，促进脂质的分解和代谢，降低肝脏内脂肪的含量。

3. 抑制炎症反应　干细胞可以通过免疫调节作用，抑制炎症反应，减轻肝脏的损伤。炎症反应在脂肪肝的发展过程中起着重要的作用，抑制炎症反应可以延缓脂肪肝的进展。

4. 促进肝再生　干细胞可以分泌多种生长因子，如肝细胞生长因子、血管内皮生长因子等，促进肝细胞的增殖和再生，修复受损的肝脏组织。

鉴于以上机制，干细胞移植可以改善脂肪肝患者的肝功能，降低肝脏脂肪含量，减轻炎症反应，而且安全有效。

第十一节　干细胞治疗泌尿生殖系统疾病

134　干细胞对肾功能不全疗效如何？

肾功能不全是由多种原因引起的肾小球严重破坏，是肾脏在排泄代谢废物和调节电解质、酸碱平衡等方面出现紊乱。引起肾功能不全的原因包括糖尿病肾病、肾小球硬化、系统性红斑狼疮、肾移植排斥等，出现严重的贫血、高血压、代谢性酸中毒、电解质紊乱等，甚至出现生命危险。肾功能不全可分为四期：一期为肾功能储备代偿期，临床上并不出现症状；二期为肾功能不全期，肾小球已有较多损害，肌酐和尿素氮含量可偏高或超出正常值，患者出现贫血、疲乏无力、体重减轻等；三期为肾功能衰竭期，患者贫血明显、夜尿增多，肌酐和尿素氮检测值上升明显；四期为尿毒症期，肾小球损害已超过95%，有剧烈恶心呕吐、尿少、水肿、恶性高血压、重度贫血等。一期、二期治疗以对症、保守为主，包括降压、溶栓、抗凝等，必要时使用激素治疗，三期、四期治疗以血透为主，可以考虑肾移植手术。

干细胞治疗的目的是：维持、保护和改善肾功能，使肾脏的组织损伤得到不断修复，在各种保守治疗无法有效逆转的情况下，也可为肾移植争取时间（图5-38）。

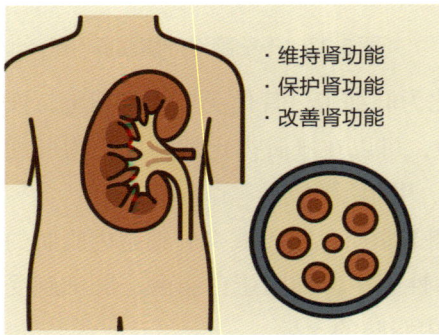

图5-38　干细胞治疗肾功能不全

135　与传统治疗方法相比，干细胞治疗肾功能不全有哪些优势？

干细胞疗法是一种利用干细胞的自我更新和分化潜能，修复或替换受损组织的先进医疗技术，干细胞治疗肾功能不全的优势在于可以标本兼治，而且基本上无副作用（图5-39）。

第一，干细胞可以促进肾组织再生，干细胞可以分化为肾小球、肾小管等肾脏功能细胞，修复受损的肾组织。

第二，干细胞可以抗炎与免疫调节。干细胞具有强大的抗炎和免疫调节作用，能够减轻肾脏炎症反应，延缓疾病进展。

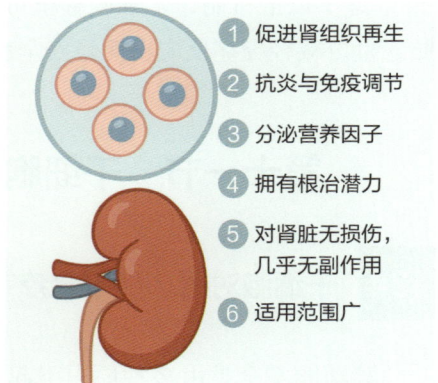

1 促进肾组织再生
2 抗炎与免疫调节
3 分泌营养因子
4 拥有根治潜力
5 对肾脏无损伤，几乎无副作用
6 适用范围广

图5-39　干细胞治疗肾功能不全的优势

第三，干细胞可以分泌营养因子。干细胞能够分泌多种生长因子和细胞因子，促进血管新生和组织修复，改善肾脏微环境。

第四，拥有根治潜力。能够修复受损肾脏，恢复其功能，而非仅仅控制症状。

第五，对肾脏无损伤，几乎无副作用。干细胞源于患者自身或经过严格筛选的供体，免疫排斥风险低。

第六，适用范围广。适用于多种肾脏疾病，包括慢性肾病、急性肾损伤和肾纤维化等。

136　阳痿有望通过干细胞治疗解决问题吗？

阳痿又称勃起功能障碍（ED），是一种常见的男性性功能障碍，指阴茎不能持续达到或者维持足够的勃起以完成满意的性生活，病程在 3 个月以上。病因包括生理性衰老，以及病理性和混合型因素。病理因素包括精神心理因素、阴茎本身疾病、前列腺癌的手术损伤、糖尿病、脊髓病变、腰椎间盘疾病等。轻度阳痿可以通过药物伟哥等扩张阴茎内毛细血管，使阴茎非生理性的完成充血勃起；中度阳痿可在阴茎根部动脉注射三联药物（罂粟碱、苯妥拉明、前列腺素）实现勃起；重度阳痿因阴茎内血管破坏严重，则口服或注射药物无效。

干细胞治疗的目的是促进阴茎毛细血管的再生，修复组织损伤，调节神经内分泌功能，从而实现生理性的充血勃起，增强勃起硬度和持续时间（图 5-40）。经国内外科学家证实，干细胞治疗阳痿安全、稳定、有效。

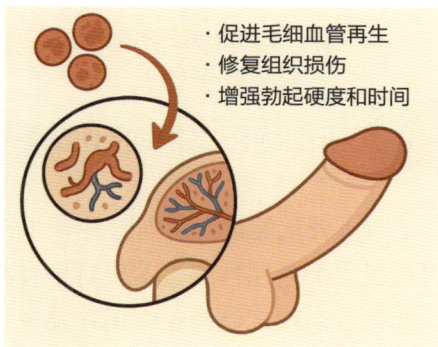

· 促进毛细血管再生
· 修复组织损伤
· 增强勃起硬度和时间

图 5-40　干细胞治疗阳痿

137　干细胞治疗阳痿有哪几种方法？

1. **静脉输注**　这是基本的也是最为常见的治疗方法，每周两次，每次用量不少于1.2亿个，可连续用2～4周。干细胞通过全身循环归巢至损伤部位，适用于全身性病因（如糖尿病）导致的ED，但疗效较局部注射弱。

2. 阴茎海绵体注射 将干细胞或干细胞外泌体直接注射至阴茎海绵体，靶向修复局部组织。局部注射浓度高，起效快，勃起功能评分提升明显，但需多次注射，通常3次为一疗程。

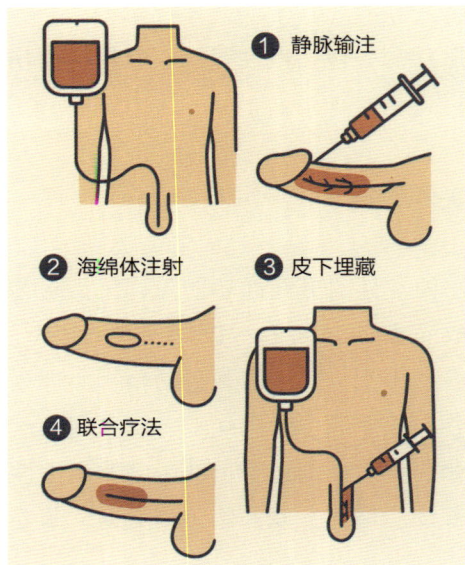

图5-41 干细胞治疗阳痿的方法

3. 皮下埋藏 将干细胞或干细胞外泌体埋藏在腹壁皮下，以利其缓慢释放，维持较长疗效。

4. 联合疗法 例如，与生物材料结合，制成水凝胶或支架，目的也是延长干细胞在局部的滞留时间；与低能量冲击波联用，增强血管新生和干细胞迁移效率。

干细胞治疗阳痿通过以上途径和方法改善勃起功能（图5-41），短期效果显著且安全性较高，但长期疗效和标准化方案仍需更多研究支持。未来，结合基因工程、外泌体技术的新型疗法，可能进一步突破现有局限。

138 干细胞可以帮助男性解决前列腺增生吗？

有人开玩笑说，前列腺是男性的"生命腺"，这不无道理，因为前列腺是男性最大的附属性腺，不仅对生育必不可少，而且对内分泌的平衡、性生活的和谐、泌尿系统的正常循环都至关重要。若前列腺出现炎症、增生、肥大问题，就会严危害男性的整个泌尿生殖系统健康，并导致睾丸炎、膀胱炎、男性功能障碍和不育症，甚至发展为慢性肾炎、尿毒症。资料表明，约50%的男性会在一生中某个时期受到前列腺炎的干扰。对男性而言，前列腺炎已经和慢性咽炎、扁桃体炎一样成了常见病。特别是40岁以上男性是高发病人群。前列腺炎一旦发生，对男性来说十分痛苦，常出现射精疼痛、性欲减退、小腹下坠、尿频尿急、小腹胀痛、排尿障碍以及性生活质量下降，而且具有难治性和反复性特点。

前列腺炎有急性和慢性之分，与久坐、常进食辛辣食品、经常憋尿、性生活不洁等因素有关，约有10%急性前列腺炎会转变为慢性前列腺炎。我国的慢性前列腺炎患病率为6.0%～32.9%，患病基数巨大。与急性前列腺炎比较，慢性前列腺炎持续时间较长，且治愈难度较大，45%以上的慢性前列腺炎难以治愈。因此，慢性前列腺炎对男性健康影响危害更大。

干细胞治疗可以为男性前列腺炎帮助患者解除痛苦，摆脱难言之隐。干细胞可以增强免疫系统，防止病菌进入，快速缓解尿频、尿急、尿痛等排尿不适症状，同时改善前列腺病变，如前列腺肥大、前列腺增生、前列腺炎症，并持续保持男性前列腺腺健康，排尿通畅，效果令人满意（图5-42）。

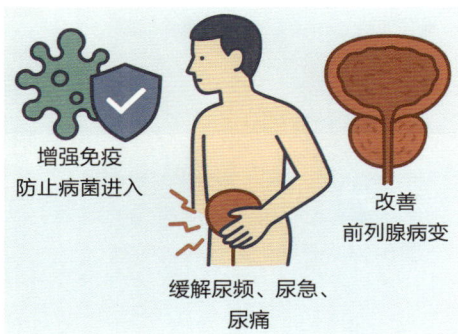

图5-42　干细胞治疗前列腺增生

第十二节　干细胞治疗运动系统疾病

139　干细胞在骨科领域主要用于哪些疾病？

干细胞治疗骨科疾病的主要应用方向包括骨组织修复与再生、退行性关节疾病的治疗、软骨修复、脊柱疾病的治疗等（图5-43）。

1. 骨关节炎　包括膝关节、髋关节等部位的炎症。干细胞可分化为软骨细胞，修复受损软骨，还能分泌抗炎因子减轻炎症反应，改善关节功能，缓解疼痛、肿胀等症状。

2. 骨坏死　干细胞能分化为成骨细胞促进骨修复，分泌血管生长因子改善骨血运，阻止病情发展，对早期股骨头坏死效果较好，可避免或延缓髋关节置换手术。

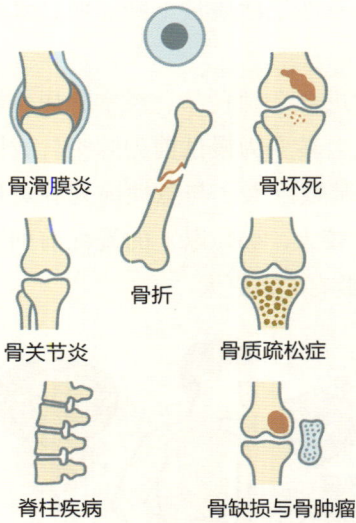

图5-43 干细胞治疗骨科疾病

3. 骨折不愈合或延迟愈合 干细胞可以在骨折部位分化为成骨细胞和软骨细胞，加速骨痂形成和骨折愈合，提高骨折愈合的质量和速度，对于一些常规治疗效果不佳的骨折患者有积极作用。

4. 骨质疏松症 间充质干细胞可向成骨细胞分化，促进骨形成，同时抑制破骨细胞的活性和增殖，维持骨代谢平衡，增加骨密度，降低骨折风险。

5. 脊柱疾病 如椎间盘退变等，干细胞可分化为髓核细胞等，修复退变的椎间盘组织，还可分泌营养因子促进椎间盘细胞的增殖和基质合成，缓解因椎间盘退变引起的腰腿痛等症状。

6. 骨缺损与骨肿瘤 对于因外伤、肿瘤切除等导致的骨缺损，干细胞结合生物材料可构建组织工程骨，用于填充骨缺损，促进新骨形成。在骨肿瘤治疗中，干细胞可作为载体携带治疗药物或基因，靶向作用于肿瘤细胞，提高治疗效果。

140 干细胞治疗膝骨关节炎疗效如何？

疗效十分显著，通常1～2个疗程即可痊愈或根本性好转（图5-44）。

膝骨关节炎多发生于中老年人群和运动员，表现为膝关节肿胀，爬山和上下楼梯痛，坐起立行时膝关节酸痛和不适等。若不及时治疗，会引起膝关节畸形和残废。膝关节部位还常发生膝关节滑囊炎、韧带损伤、半月板损伤、膝外翻或内翻等疾病。干细胞治疗的目的是缓解滑膜或韧带的炎症以减轻疼痛，促

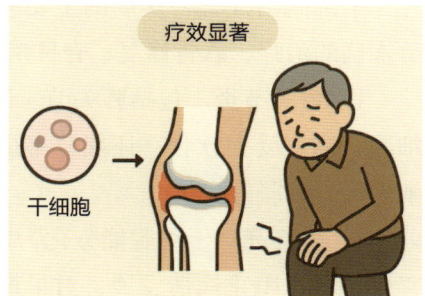

图5-44 干细胞治疗膝骨关节炎

进软骨或韧带的愈合以恢复关节功能。干细胞治疗膝骨关节炎疗效显著，而且安全无副作用。

1. 干细胞可以修复软骨损伤　干细胞具有多向分化潜能，可分化为软骨细胞，能替代受损或退变的软骨细胞，促进软骨组织的修复和再生，从而改善关节功能，减轻因软骨磨损引起的疼痛等症状。如在一些临床试验中，部分患者接受干细胞治疗后，通过影像学检查可观察到软骨缺损区域有不同程度的填充和修复。

2. 抗炎作用　干细胞能分泌多种细胞因子，发挥免疫调节和抗炎作用，可减轻关节内的炎症反应，缓解关节红肿、疼痛等症状。研究发现，干细胞治疗后，关节液中的炎症因子水平明显降低，患者的疼痛视觉模拟评分（VAS）等指标得到改善。

3. 改善关节微环境　干细胞可促进关节内血管生成，为关节组织提供更多的营养物质和氧气，改善关节的营养供应和代谢环境，有利于关节组织的修复和健康维持。

推而广之，干细胞对各种骨关节炎疗效都非常突出，如肩袖损伤、腰椎间盘突出、股骨头无菌性坏死等。

141　干细胞能使股骨头坏死免除开刀之苦吗？

正确的答案是：有些能，有些不能，必须具体情况具体分析。

干细胞治疗在股骨头坏死的治疗中具有一定潜力，可使部分患者免受开刀之苦，据国外一些权威性杂志报道，使用干细胞保守治疗股骨头坏死，有效率超过70%，其中部分患者达到痊愈水平（图5-45）。

1. 干细胞治疗对股骨头坏死的作用

（1）促进骨修复：干细胞可以

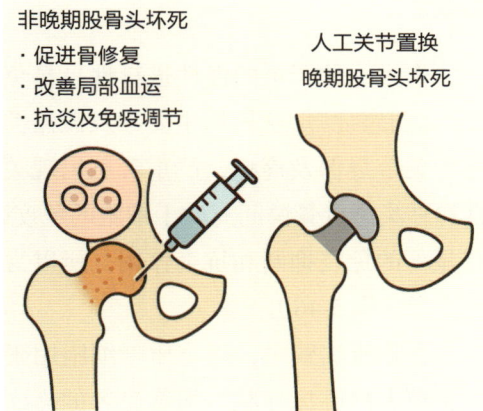

图5-45　干细胞治疗股骨头坏死

分化为成骨细胞等，能直接参与骨组织的修复和再生，增加骨量，促进坏死区域的骨组织重建。在动物实验和一些小规模临床研究发现：干细胞治疗后，股骨头坏死区域有新骨形成，骨密度有所增加。

（2）改善局部血运：干细胞能分泌血管内皮生长因子等多种细胞因子，可促进血管生成，改善股骨头的血液供应，为坏死组织的修复创造良好的营养和代谢环境，阻止股骨头进一步缺血坏死。

（3）抗炎及免疫调节：干细胞具有抗炎和免疫调节作用，能减轻股骨头局部的炎症反应，降低炎症对骨组织的破坏，有助于缓解疼痛等症状，还可调节免疫微环境，减少免疫细胞对坏死组织的过度免疫反应，利于组织修复。

2. 无法完全避免开刀的原因 股骨头坏死毕竟属于骨科的疑难复杂病症，治疗难度还是比较大的，所以，光靠干细胞的治疗，疗效还是不能完全保证的。

虽然干细胞治疗为股骨头坏死的治疗提供了新的思路和方法，但目前其疗效还需要更多的临床研究来验证，在临床应用中，应当根据患者的具体病情、年龄、身体状况等综合因素来制订合适的治疗方案。

近年来，一些医院还根据干细胞的独有特性，开辟了新的治疗方法，如髓芯减压加干细胞治疗，取得了十分显著的效果，相信这些新疗法的出现，将会造福更多的股骨头坏死患者。

142 强直性脊柱炎能够治好吗？

作为一种严重的慢性进行性自身免疫性疾病，强制性脊柱炎以前被称为"不死的癌症"。这种病主要累及骶髂关节、脊柱及外周关节，表现为不同程度的关节晨僵及疼痛，严重者可出现关节的强直，造成残疾。研究表明强直性脊柱炎患者骨髓间充质干细胞的免疫调节能力明显下降，而间充质干细胞具有显著的免疫抑制和抗炎作用，所以为临床治疗强直性脊柱炎提供了新的治疗途径（图5-46）。

在临床实践中，间充质干细胞用于强直性脊柱炎患者的治疗，可以有效改善患者的临床症状，缓解患者的疼痛，而且安全性较高，具有较高的临床推广价值。

1. 干细胞治疗强直性脊柱炎的原理

（1）重建或修复受损的组织：干细胞具有再生各种组织器官的能力，因此可以通过干细胞治疗来重建或修复受损的组织，例如关节软骨、骨组织、肌肉等。

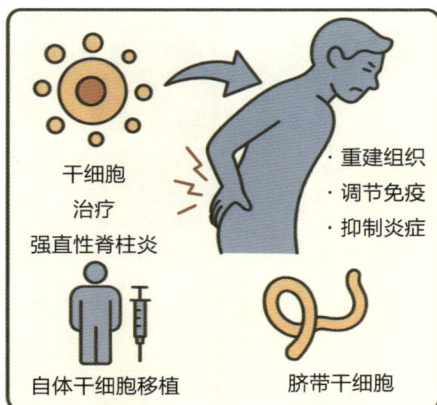

（2）调节免疫功能：干细胞可以分化成多种细胞，包括成熟的细胞和祖细胞，这些祖细胞可以产生多种细胞因子，调节机体的免疫功能，从而减轻或防止强直性脊柱炎的发展。

图5-46 干细胞治疗强直性脊柱炎

（3）抑制炎症反应：强直性脊柱炎是一种慢性炎症性疾病，干细胞可以抑制炎症反应，减轻或缓解炎症引起的疼痛、僵硬等症状。

2. 干细胞治疗强直性脊柱炎的治疗方法 包括自体干细胞移植、脐带干细胞治疗和成体干细胞治疗。其中，自体干细胞移植是将患者自身的干细胞移植回其身体，从而促进其自身干细胞修复炎症反应造成的组织损伤；脐带干细胞治疗使用来自脐带的干细胞，这种治疗方法具有更好的免疫适应性，可以减少患者出现免疫排斥反应；成体干细胞治疗使用成体干细胞，如脂肪干细胞、骨髓干细胞等作为治疗的来源，这些成体干细胞可以分化为多种细胞类型，从而促进炎症部位的再生和修复。

第十三节 干细胞治疗妇产科疾病

143 什么叫卵巢功能早衰？

卵巢功能早衰（Premature Ovarian Failure，POF），又称为早发性卵巢功能衰竭，是指女性在40岁之前卵巢功能下降，伴随卵巢储备减少、月经不规律或停经、雌激素水平低下等症状。这一疾病不仅影响患者的生育能力，还可能引发一系列与激素缺乏相关的健康问题，如骨质疏松、心血管疾病等

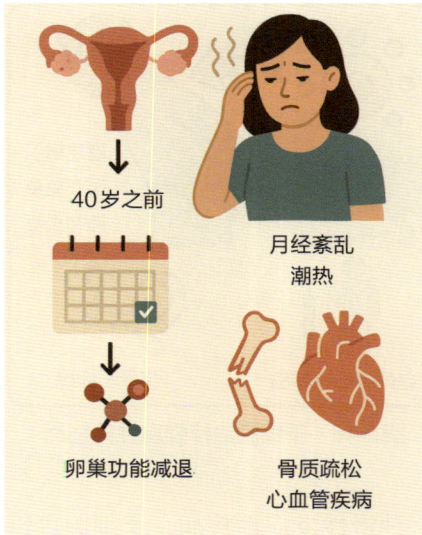

图5-47 卵巢功能早衰

（图5-47）。

卵巢功能早衰的主要原因有遗传、免疫系统异常、环境污染、生活方式等。遗传性卵巢功能早衰通常与家族史有关，免疫系统异常则可能导致自身免疫性卵巢功能障碍。环境因素如化学污染、放射线暴露等也可能增加卵巢功能早衰的风险。此外，长期的高压力生活、饮食不均衡以及过度的运动等因素，也可能对卵巢健康产生负面影响。

卵巢功能早衰的症状通常包括月经不规律、周期缩短、甚至停经，伴随而来的症状有潮热、失眠、情绪波动、阴道干燥等。而由于卵巢激素的减少，患者还面临骨质疏松、心血管疾病、焦虑和抑郁等健康问题。

卵巢功能早衰对女性的生活质量影响极大，尤其是对于那些渴望成为母亲的女性来说，卵巢功能早衰往往意味着无法怀孕。因此，卵巢功能早衰的治疗，不仅是生理层面的挑战，更是情感和心理层面的考验。

144 干细胞治疗卵巢功能早衰的效果如何？

卵巢功能早衰是一种复杂的疾病，其原因多种多样，包括自身免疫反应、基因缺陷、手术、化疗和放疗。长期以来，临床医学缺乏有效治疗方法，传统治疗方式是以激素替代疗法为主，然而其只能缓解症状，并不能根治病因或恢复卵巢功能。

近年来，干细胞技术成为科学家们探索难治性疾病的新选择。多项临床研究结果表明：干细胞可以改善卵巢功能、增加卵泡数量、提高性激素水平、减少颗粒细胞凋亡，让卵巢功能早衰女性恢复生育能力，减少更年期症状（图5-48）。

干细胞治疗卵巢功能早衰的效果已在多个临床案例中得到了验证。以下是一些具体的效果表现：①月经恢复与生育能力提高：许多接受干细胞治疗的卵巢功能早衰患者，在治疗后恢复了正常的月经周期。部分患者不仅月经恢复，还成功怀孕并顺利分娩。特别是在自体干细胞治疗的患者中，卵巢功能恢复的效果更加显著。②激素水平的恢复：干细胞治疗能够显著提高卵巢激素水平，尤其是雌激素和孕激素。这些激素的恢复，有助于缓解卵巢功能早衰带来的症状，如潮热、失眠、

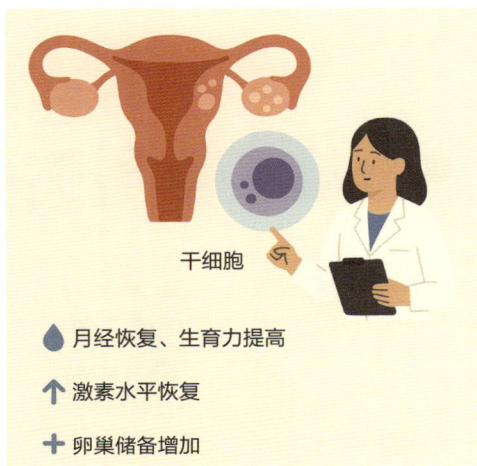

干细胞

● 月经恢复、生育力提高

↑ 激素水平恢复

＋ 卵巢储备增加

图5-48 干细胞治疗卵巢功能早衰

情绪波动等，改善患者的生活质量。③卵巢储备的增加：通过干细胞治疗，部分患者的卵巢储备得到了明显提升。这意味着即使在卵巢功能早衰的情况下，卵巢内仍然能够产生健康的卵泡，增强了患者的生育机会。④长期跟踪效果：一些研究表明，干细胞治疗后的效果能持续较长时间。在治疗后的一到两年内，患者的卵巢功能持续恢复，部分患者在治疗后数年内仍能保持月经周期的规律性。

随着干细胞技术的不断发展，越来越多的卵巢功能早衰患者正在通过干细胞治疗实现自己的生育梦想。许多曾经绝望的患者，在经过干细胞治疗后，成功恢复了卵巢功能，迎来了怀孕的奇迹。尽管目前干细胞治疗还处于不断完善和探索阶段，但它无疑为卵巢功能早衰患者带来了希望。

145 干细胞为什么可以修复卵巢重塑生机？

干细胞是一类具有自我复制能力和多向分化潜力的细胞，能够在特定的环境中分化成不同的细胞类型，甚至修复受损的组织和器官。它们被广泛应用于再生医学、组织修复和治疗许多严重疾病的领域。

在卵巢功能早衰的治疗中，干细胞展现出了巨大的潜力。研究表明，干细胞具有通过分化成卵巢细胞来恢复卵巢功能的能力。这一过程中，干细胞

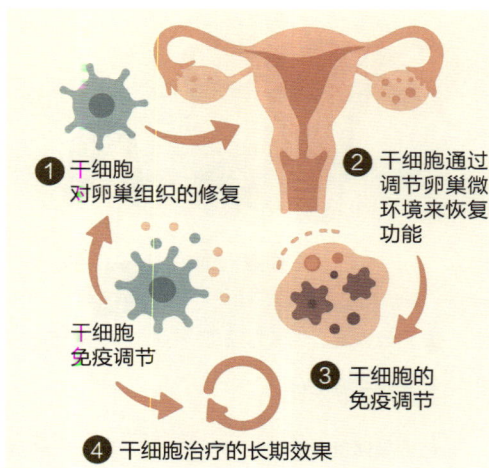

图5-49 干细胞修复卵巢

可以修复受损的卵巢组织，促进卵泡的生长和发育，进而恢复卵巢激素的分泌水平和卵巢的生育功能（图5-49）。此外，干细胞治疗还能通过改善卵巢微环境，增强卵巢内皮细胞的修复能力，进一步促进卵巢功能的恢复。干细胞疗法在医学界的应用并不新颖，然而，它在卵巢功能早衰治疗中的创新性和高效性却给患者带来了前所未有的希望。通过干细胞的治疗，许多女性在经过一段时间的治疗后，成功恢复了正常的月经周期，并且实现了怀孕，圆了母亲梦。这种治疗方法不仅局限于恢复生育功能，还可以改善患者的整体健康状况，增强其免疫力，延缓衰老过程。

干细胞的这种神奇魔力，给了卵巢功能早衰患者一个崭新的治疗选择，让许多无法怀孕的女性重新燃起了希望的火种。

干细胞治疗卵巢功能早衰的机制是基于干细胞独特的再生能力，尤其是其通过自我复制和分化修复受损组织的能力。卵巢功能早衰的关键问题是卵巢内卵泡的衰退，导致卵巢激素（如雌激素、孕激素）分泌减少，从而引起月经不调、停经等症状。干细胞治疗卵巢功能早衰的核心机制在于，干细胞能够分化成健康的卵巢细胞，并通过促进卵泡的发育与卵巢微环境的改善来恢复卵巢的功能。

1. 干细胞对卵巢组织的修复作用　干细胞通过注射进入卵巢后，能在卵巢内形成新生的卵泡和卵巢组织。研究发现，干细胞能通过分泌生长因子和细胞因子来促进卵巢组织的修复和再生。这些因子能激活卵巢内的"休眠"卵泡，使其重新进入发育阶段，恢复卵巢的生育功能。

2. 干细胞通过调节卵巢微环境来恢复功能　卵巢功能早衰不仅是卵泡数量的减少，更与卵巢微环境的恶化有关。干细胞治疗能够通过改善卵巢局部的血液供应、增强卵巢细胞的代谢功能、促进卵巢内皮细胞的增殖等方式，为卵泡的生长和发育创造一个有利的环境，从而恢复卵巢的功能。

3. 干细胞的免疫调节作用　除了促进组织修复，干细胞还具有强大的免疫调节作用。它们能够通过分泌抗炎因子来减轻卵巢中的炎症反应，从而减少免疫系统对卵巢的攻击。这种免疫调节作用对于自身免疫性卵巢功能早衰的患者尤为重要。

4. 干细胞治疗卵巢功能早衰的长期效果　目前的研究表明，干细胞治疗卵巢功能早衰具有较长的效果持续期。治疗后的女性不仅能够恢复月经周期，还能提高卵巢的储备功能，甚至有部分患者通过治疗成功怀孕。因此，干细胞治疗不仅是短期的修复，更为卵巢功能早衰患者提供了一个恢复生育能力的长期解决方案。

146　干细胞可以治疗哪些妇产科疾病？

干细胞在治疗以下妇产科疾病方面展现出了一定的潜力（图5-50）。

1. 卵巢功能早衰　卵巢功能早衰会导致女性雌激素水平下降、闭经及不孕等问题。干细胞可分化为卵巢细胞，补充受损或凋亡的细胞，还能分泌生长因子等物质，改善卵巢局部微环境，促进卵巢组织的修复和再生，恢复卵巢的内分泌和生殖功能，部分患者经治疗后可恢复月经，甚至成功受孕。

2. 子宫内膜损伤　多次刮宫、感染等因素可致子宫内膜损伤，引发月经量少、不孕等。干细胞能归

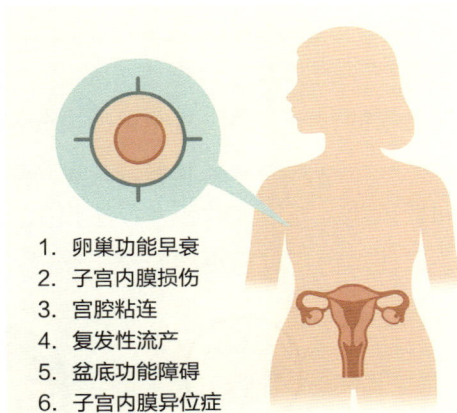

1. 卵巢功能早衰
2. 子宫内膜损伤
3. 宫腔粘连
4. 复发性流产
5. 盆底功能障碍
6. 子宫内膜异位症

图5-50　干细胞治疗妇产科疾病

巢到损伤部位，分化为子宫内膜细胞，促进子宫内膜再生和修复，增加子宫内膜厚度，提高胚胎着床率，对因子宫内膜损伤导致的不孕有治疗作用。

3. 宫腔粘连　宫腔粘连会影响月经和生育，干细胞可通过抑制炎症反应、减少纤维化，促进受损组织的修复和再生，从而预防和治疗宫腔粘连，

改善宫腔形态和功能，提高患者的生育能力。

4. 复发性流产　对于因免疫因素、子宫局部微环境异常等导致的复发性流产，干细胞可以调节免疫功能，降低免疫排斥反应，还能改善子宫局部的血液循环和微环境，为胚胎着床和发育提供良好条件，提高妊娠成功率。

5. 盆底功能障碍　如子宫脱垂、压力性尿失禁等，干细胞可分化为盆底肌细胞和筋膜细胞等，增强盆底组织的支撑力，修复受损的盆底肌肉和筋膜组织，改善盆底功能，缓解相关症状。

6. 子宫内膜异位症　干细胞可调节免疫，抑制异位内膜细胞的生长和增殖，还能通过旁分泌作用改善盆腔内环境，减轻炎症反应和粘连，对缓解子宫内膜异位症相关疼痛、改善生育功能可能有一定作用。

147　与传统的激素替代疗法相比，干细胞治疗卵巢功能早衰有何优势？

干细胞治疗卵巢功能早衰作为一种创新治疗方法，虽然展示了巨大的潜力和优势（图5-51），其优势在于：①高效恢复卵巢功能：与传统的卵巢功能恢复治疗（如激素替代疗法）相比，干细胞治疗能够直接作用于卵巢组织，修复受损的卵泡，并恢复卵巢的内分泌功能。研究和临床案例表明，干细胞治疗能够有效延缓卵巢衰退，甚至帮助患者恢复正常的月经周期。②非侵入性和低风险：与传统的手术疗法相比，干细胞治疗大多是通过注射方式进行的，这使得治疗过程更加安全、非侵入性、恢复期短。并且，由于干细胞疗

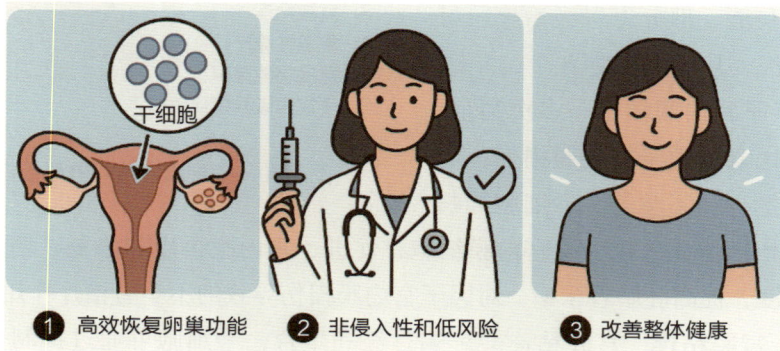

① 高效恢复卵巢功能　② 非侵入性和低风险　③ 改善整体健康

图5-51　干细胞治疗卵巢功能早衰的优势

法的治疗方式较为简便，患者的身体负担较小。③改善整体健康：干细胞治疗不仅局限于卵巢的修复，还通过增强机体的免疫系统、改善微循环、调节内分泌等手段，改善患者的整体健康。许多患者在接受干细胞治疗后，不仅卵巢功能恢复了，身体的其他症状（如焦虑、失眠）也得到了缓解。

148 干细胞治疗卵巢功能早衰有哪些方式？

1. 静脉注射　这是简便快捷的"全身护理"。静脉注射是一种相对简便的治疗方式，将干细胞直接注射到静脉中，使其通过血液循环遍布全身。对于患者来说，这种方式操作简便，起效快，是较为常见的选择。静脉注射的优势在于干细胞能够通过血液快速到达各个器官和组织，整体改善身体状况。然而，静脉注射的不足之处在于，干细胞的分布较为分散，可能导致部分干细胞无法有效到达卵巢部位，这在一定程度上会影响治疗效果。因此，静脉注射更适合那些希望全身都能得到"滋养"的患者，而不仅是针对卵巢。

2. 靶向注射　这是精准打击的"专业疗法"。相比之下，靶向注射则是一种更加精准的治疗方式。通过专业的设备和技术，将干细胞直接注射到卵巢或其周围区域，确保干细胞能够更集中地在目标区域发挥作用。对于卵巢功能早衰较为严重的患者，靶向注射无疑是一种更加有效的选择。其优势在于干细胞的利用率更高，疗效更为显著，能够最大限度地恢复卵巢功能。

但靶向注射对技术要求较高，操作复杂，费用相对较高，同时存在一定的风险。因此，选择这种方式的患者应确保选择经验丰富的医疗机构和专业医生，以减少可能的风险（图5-52）。

如何选择最适合的注射方式？面对静脉注射和靶向注射这两种方式的选择，许多患者可能会感到困惑。实际上，最佳的选择往往取决于个人的卵巢状况、生育需求以及对治疗效果的期望。如果你希望快

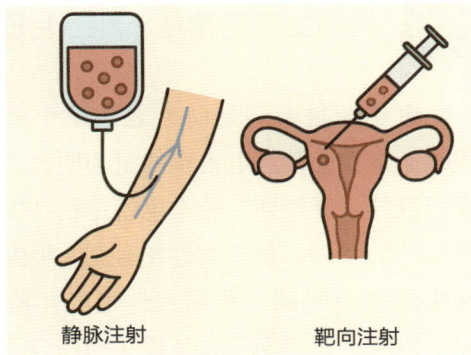

静脉注射　　　　　靶向注射

图5-52　细胞治疗卵巢早衰的方式

速改善全身的健康状态，同时不介意治疗效果的分散性，静脉注射可能更适合你；但如果你更加在意卵巢功能的精准修复，靶向注射无疑是更优的选择。然而，无论选择哪种方式，最重要的是在专业医生的指导下，结合自己的实际情况，做出最适合的决定。医生会根据你的具体情况，给予科学合理的建议，帮助你在抗击卵巢功能早衰的战斗中取得最佳效果。

149 干细胞可以治疗子宫肌瘤吗？

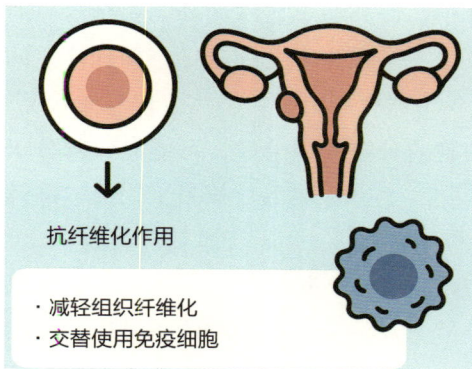

抗纤维化作用

· 减轻组织纤维化
· 交替使用免疫细胞

图5-53 干细胞治疗子宫肌瘤

干细胞在子宫肌瘤治疗方面具有一定的作用。因为子宫肌瘤的发展过程中，周围组织可能会出现纤维化改变。而干细胞具有抗纤维化的作用，可以分泌一些细胞因子和生长因子，抑制纤维细胞的增殖和胶原蛋白的沉积，从而减轻组织纤维化程度。这有助于改善子宫的组织结构和功能，减少子宫肌瘤对周围组织的压迫和损伤（图5-53）。

临床研究发现，若在干细胞治疗子宫肌瘤的过程中，加用高浓度干细胞外泌体，交替使用免疫细胞，其疗效更为显著。

150 何谓更年期和更年期综合征？

更年期是人们走向衰老的一个过渡阶段，通常在女性身上表现的更为明显，所以我们说的"更年期"通常也就是指"围绝经期"（图5-54），是指女性绝经后1年内的特殊生理变更时期，我国女性绝经年龄多在44～54岁。更年期综合征更年期综合征指妇女绝经前后出现性激素波动或减少所致的一

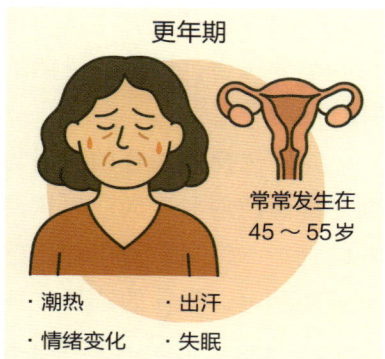

更年期

常常发生在
45～55岁

· 潮热   · 出汗
· 情绪变化 · 失眠

图5-54 更年期和更年期综合征

系列以自主神经系统功能紊乱为主，伴有神经心理症状的一组症候群。卵巢功能从旺盛到衰退再到完全消失的过渡期，一般以1年无月经作为绝经标志。有人在绝经过渡期症状已开始出现，持续到绝经后2～3年，少数人可持续到绝经后5～10年症状才有所减轻或消失。很多人认为更年期只要熬过去就好了，因此在我国仅有1%的人会主动去医院接受正规治疗，大多数都在隐忍中度过，让女性在承受身体和心理的双重压力下苦不堪言。

151 为什么干细胞可以治疗更年期综合征？

产生更年期症状的主要根源在于卵巢功能的衰退和激素水平的下降，而干细胞疗法可以通过以下机制改善更年期症状（图5-55）：①促进细胞再生：干细胞具有强大的再生能力，能够促进体内细胞的修复与再生。在更年期，女性体内的细胞更新速度减缓，导致多种不适症状的出现。通过应用干细胞，可以帮助恢复细胞的活力，改善皮肤质量和整体健康状况，从而减轻更年期带来的不适感。②减轻炎症反应：更年期女性常面临炎症反应增加的问题，这与激素水平的变化密切相关。干细胞具有抗炎特性，

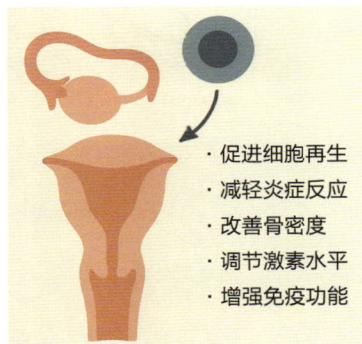

· 促进细胞再生
· 减轻炎症反应
· 改善骨密度
· 调节激素水平
· 增强免疫功能

图5-55 干细胞治疗更年期症状

能够有效抑制体内的炎症反应，减轻关节疼痛、肌肉酸痛等症状，从而提高生活质量。③改善骨密度：随着年龄的增长，女性的骨密度逐渐下降，增加了骨质疏松症的风险。干细胞能够促进骨细胞的生成，增强骨骼的强度和密度，降低骨折的风险，帮助女性在更年期保持健康的骨骼状态。④调节激素水平：更年期的主要特征之一是激素水平的波动，干细胞能够通过多种机制调节体内的激素分泌，缓解潮热、失眠等症状，帮助女性更好地适应更年期的变化。⑤增强免疫功能：随着年龄的增长，免疫系统的功能逐渐减弱，干细胞可以通过增强免疫细胞的活性，提高机体的免疫力，降低感染和疾病的风险，帮助女性在更年期保持良好的健康状态。

第十四节 干细胞治疗血液病

152 干细胞可以治疗哪些血液系统疾病？

干细胞在治疗多种血液系统疾病方面都有显著的疗效（图5-56）。

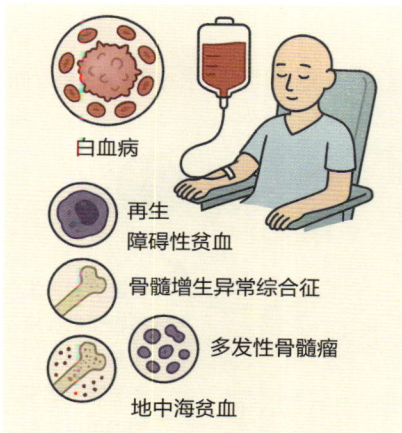

白血病

再生
障碍性贫血

骨髓增生异常综合征

多发性骨髓瘤

地中海贫血

图5-56 干细胞治疗血液系统疾病

1. 白血病

（1）作用机制：通过移植健康的造血干细胞，可在患者体内重新建立正常的造血和免疫功能，替代白血病细胞，恢复正常的血细胞生成，从而达到治疗白血病的目的。

（2）适用类型：对急性髓系白血病、急性淋巴细胞白血病、慢性髓系白血病等多种类型白血病都有较好的治疗效果。

2. 再生障碍性贫血

（1）作用机制：干细胞能分化为各种造血细胞，补充患者体内缺乏的红细胞、白细胞和血小板等，同时还可以改善骨髓微环境，促进造血干细胞的增殖和分化，恢复骨髓的造血功能。

（2）适用类型：对于重型再生障碍性贫血和非重型再生障碍性贫血均有治疗作用，尤其是重型再生障碍性贫血，造血干细胞移植是重要的治疗手段之一。

3. 骨髓增生异常综合征

（1）作用机制：输入的正常干细胞可以纠正骨髓中异常的造血过程，提供正常的造血功能，减少异常细胞的生成，提高患者的血细胞质量和数量。

（2）适用类型：根据疾病的不同阶段和患者的具体情况，对于中高危的骨髓增生异常综合征患者，干细胞移植可能是更有效的治疗选择。

4. 多发性骨髓瘤

（1）作用机制：一方面可以清除患者体内的骨髓瘤细胞，另一方面重建正常的造血和免疫功能，有助于提高患者的生活质量，延长生存期。

（2）适用类型：自体造血干细胞移植在多发性骨髓瘤的治疗中应用较为广泛，对于一些年轻、身体状况较好的患者，还可以考虑异基因造血干细胞移植。

5．地中海贫血

（1）作用机制：正常的造血干细胞可以在患者体内分化为正常的红细胞，纠正地中海贫血患者的异常血红蛋白合成，从根本上改善患者的贫血症状。

（2）适用类型：对于重型地中海贫血患者，造血干细胞移植是目前唯一可能根治的方法。

153　干细胞治疗严重贫血主要有几种方式？

1．造血干细胞移植（图5-57）

（1）原理：造血干细胞具有自我更新和多向分化潜能，能分化为各种血细胞，可重建患者的造血功能，纠正贫血。

（2）供体选择：优先考虑HLA配型相合的同胞供者，若无，可选择非血缘关系供者或脐带血造血干细胞。

（3）治疗过程：患者先接受预处理，使用化疗药物等清除自身异常造血细胞和免疫系统，再通过静脉输注等方式将供者造血干细胞输入患者体

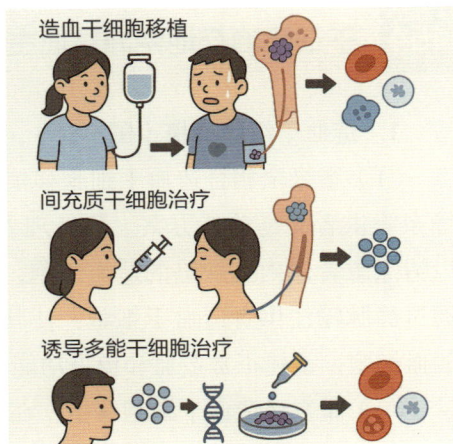

图5-57　干细胞治疗严重贫血

内，随后干细胞归巢到骨髓，增殖分化为正常血细胞。

2．间充质干细胞治疗

（1）原理：间充质干细胞可分泌多种细胞因子，如干细胞因子、促红细胞生成素等，促进造血干细胞增殖分化，还能调节免疫，改善造血微环境，利于造血干细胞的生存和分化。

（2）来源获取：主要来源于骨髓、脂肪、脐带等组织，通过相应的技术

进行分离、培养和扩增。

（3）治疗方式：可采用静脉输注或局部注射到骨髓等部位的方式，一般需多次输注以维持疗效。

3. 诱导多能干细胞治疗

（1）原理：将患者自身的体细胞（如皮肤成纤维细胞）通过基因转染等技术重编程为诱导多能干细胞，再定向诱导分化为造血干细胞或红细胞等，以补充患者缺失或异常的血细胞。

（2）制备流程：获取患者体细胞，导入特定转录因子，诱导其重编程为诱导多能干细胞，然后在特定的培养体系中添加细胞因子等，诱导其向造血细胞方向分化。

（3）应用现状：目前仍处于研究阶段，面临技术优化、安全性评估等问题，但具有个性化治疗的潜力。

154 干细胞治疗地中海贫血主要有哪几种方法？

1. 造血干细胞移植（图5-58）

（1）亲缘全相合造血干细胞移植：若患者有HLA配型全相合的兄弟姐妹等亲缘供者，是首选方案。预处理方案通常采用清髓性或减低强度预处理，以清除患者体内有缺陷的造血细胞，为供者造血干细胞植入腾出空间。然后通过静脉输注供者造血干细胞，使其在患者骨髓中定植、增殖并分化为正常的血细胞，重建正常造血和免疫功能。

（2）非亲缘造血干细胞移植：在无亲缘相合供者时，可选择非亲缘供者。但因HLA匹配难度大，移植后发生移植物抗宿主病（GVHD）等并发症风险较高。因此，需要更严格的配型筛选和更精细的移植后管理，包括使用免疫抑制剂预防和治疗GVHD等。

（3）脐带血造血干细胞移植：脐带血来源丰富、获取方便，免疫原性相对较低。但脐带血中造血干细胞数量有限，通常适用于儿童患者或体重较轻的成人。为增加干细胞数量，可采用双份脐带血移植或与其他干细胞联合移植等技术。

2. 基因编辑修饰干细胞治疗

（1）原理：提取患者自身的造血干细胞或诱导多能干细胞，利用CRISPR-

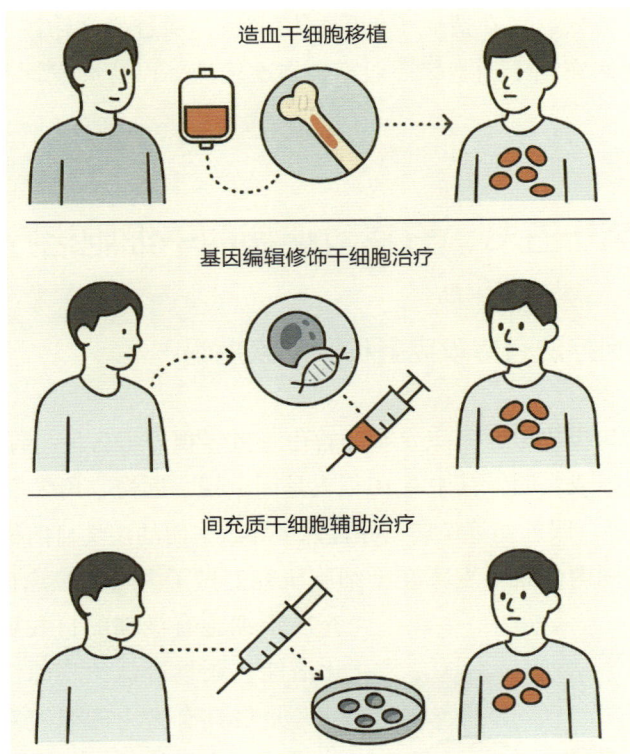

图5-58 干细胞治疗地中海贫血

Cas9等基因编辑技术，对导致地中海贫血的致病基因进行修复或改造，使其恢复正常的基因功能。然后将编辑后的干细胞回输到患者体内，期望其能分化出正常的红细胞，从而纠正贫血症状。

（2）操作流程：先通过细胞采集技术获取患者的干细胞，在体外进行基因编辑操作，经培养和鉴定确保基因编辑成功且细胞功能正常后，再回输到患者体内。目前该方法尚处于临床试验阶段，面临着基因编辑效率、脱靶效应等技术挑战。

3. 间充质干细胞辅助治疗

（1）原理：间充质干细胞可分泌多种细胞因子和生长因子，如干细胞因子、白细胞介素等，能支持造血干细胞的增殖和分化。同时，还具有免疫调节作用，可抑制免疫细胞对造血干细胞的攻击，改善造血微环境，为造血干细胞的生存和分化提供良好的条件，辅助提高造血干细胞移植的成功率和效果。

（2）治疗方式：可在造血干细胞移植前后，通过静脉输注或局部注射等方式给予患者间充质干细胞，一般需要多次输注，以持续发挥其支持和调节作用。

第十五节　五官科疾病的干细胞治疗

155　干细胞疗法有望攻克各种眼部疾病吗？

根据2020年世界卫生组织发布的首份《世界视力报告》，目前全球有超过24亿人视力受损或失明，其中有10亿人是因近视、远视、角膜疾病、视网膜、视神经黄斑变性、眼外伤等疾病，并且许多导致失明的疾病目前很难干预。

近年来，国内外眼科专家在干细胞研究上做了大量的临床研究，发现间充质干细胞有极强的自我更新和多向分化潜能，还具有低免疫原性和免疫调节性，是最具有潜力的研究对象。基于其独特的生物学特性，现在被用于干预各种创伤性和退行性疾病，其临床应用潜能几乎是无限的，目前已经采用干细胞治疗眼科疾病（图5-59）。

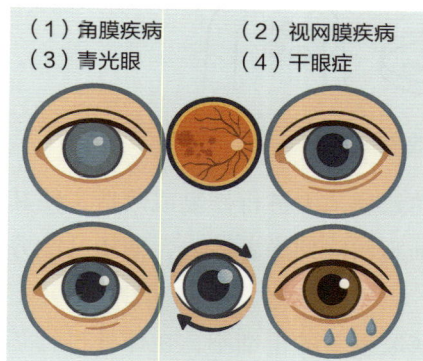

（1）角膜疾病　（2）视网膜疾病
（3）青光眼　（4）干眼症

图5-59　干细胞治疗眼部疾病

（1）角膜疾病：如角膜损伤、角膜溃疡等，干细胞可以分化为角膜细胞，促进角膜的修复和再生，提高角膜的透明度和视力。

（2）视网膜疾病：包括年龄相关性黄斑变性、视网膜色素变性等，干细胞可分化为视网膜色素上皮细胞等，改善视网膜功能，延缓疾病进展，部分患者甚至可提高视力。

（3）青光眼：干细胞可以通过分化为视网膜神经节细胞及其轴突，替代受损的神经细胞，还可分泌神经营养因子，保护和修复受损的视神经，从而改善青光眼患者的视功能。

（4）干眼症：干细胞可以分化为泪腺细胞，增加泪液分泌，改善泪膜稳定性，缓解干眼症状。

156　对视神经萎缩，干细胞能治吗？

视干细胞对视神经萎缩有着一定的治疗潜力。

按照传统医学观点，视神经萎缩是一种不可逆的神经退行性疾病，主要表现为视神经纤维的变性和丢失，导致视力下降、视野缺损等。干细胞治疗视神经萎缩的原理主要包括：干细胞可以分化为视神经细胞，替代受损或死亡的神经细胞，重建视神经传导通路；还能分泌多种神经营养因子，如脑源性神经营养因子、神经生长因子等，这些因子可以营养和保护现存的视神经细胞，促进其修复和再生，同时改善视神经的微环境，抑制神经细胞的凋亡（图5-60）。

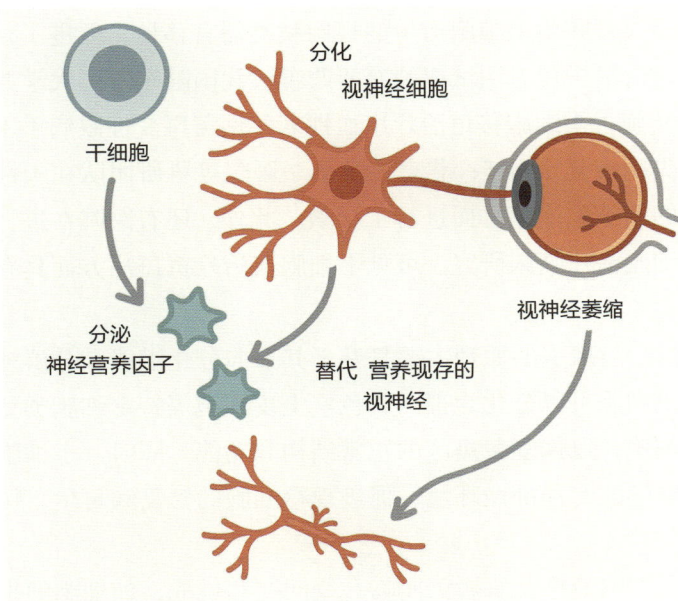

图5-60　干细胞治疗视神经萎缩

不过，虽然干细胞治疗视神经萎缩在基础研究和临床试验中都取得了一定的进展，但目前该技术仍处于不断探索和完善阶段，尚未成为临床常规治疗方法。

157 干细胞治疗黄斑病的国内外进展情况怎样？

黄斑病是一类影响视网膜黄斑区的疾病，包括年龄相关性黄斑变性、黄斑裂孔、黄斑水肿等，可导致中心视力下降、视物变形等严重视力问题。

干细胞治疗黄斑病的研究在国内外均取得了一定进展，例如：美国国家眼科研究所的研究团队利用干细胞和3D打印技术成功制造出视网膜组织，为研究和治疗黄斑病提供了新的模型和思路；英国莫菲尔眼科医院与美国辉瑞药厂共同开展的针对"湿性"老年性黄斑部病变的临床试验，首位接受胚胎干细胞萃取的视网膜色素上皮细胞移植的患者手术成功，且无并发症；日本神户市眼科医院的研究团队在2024年10月3日发表于《干细胞报告》杂志的研究中，利用人类胚胎干细胞衍生的视网膜类器官移植，促进了猴子黄斑裂孔的闭合，术后猴子视力测试成绩有所改善；我国陆军军医大学西南医院在2015年成功实施了干细胞移植治疗出血性老年性黄斑变性眼病手术，使患者视力从接近失明恢复至0.15；北京大学第三医院等科研团队在干性年龄相关性黄斑变性的干细胞治疗方面进行了探索。此外，还有医院在进行视网膜色素变性的干细胞治疗临床研究。可见干细胞在治疗黄斑病方面具有一定的潜力和前景。

干细胞治疗黄斑病的原理主要是基于其多向分化潜能和分泌神经营养因子的能力。干细胞可以分化为视网膜色素上皮细胞等特定细胞类型，替代受损或死亡的细胞，以恢复黄斑区的正常结构和功能。同时，干细胞分泌的神经营养因子能够改善局部微环境，促进现存细胞的修复和再生，保护视网膜神经细胞（图5-61）。

然而，干细胞治疗黄斑病仍面临一些问题和挑战，如细胞的来源、制备工艺、移植后的免疫排斥反应、长期安全性等。因此，虽然干细胞为黄斑病的治疗带来了新的希望，但还需要更多的研究和临床试验来进一步验证其有效性和安全性，以推动其在临床上的广泛应用。

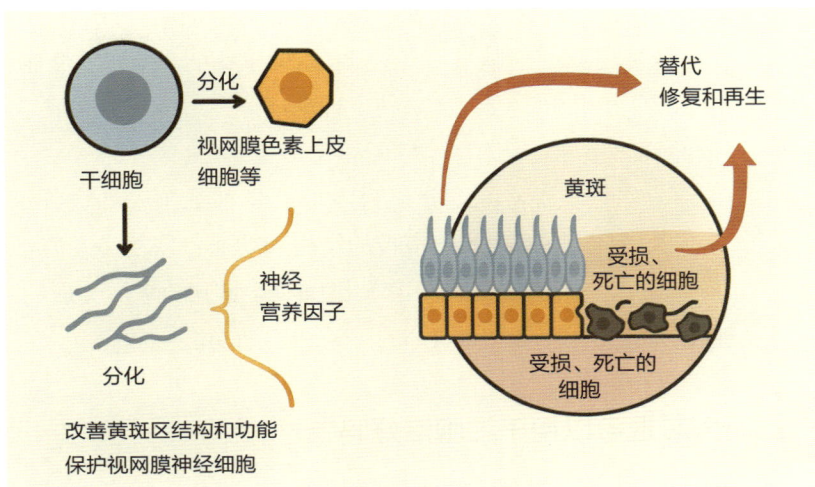

图5-61 干细胞治疗黄斑病

158 干细胞在耳鼻咽喉科疾病上治疗现状如何?

干细胞在耳鼻咽喉科疾病的治疗中具有一定的应用前景,可以治疗以下几种疾病(图5-62)。

1. 耳部疾病

(1)感音神经性耳聋:干细胞可分化为内耳的毛细胞、神经元等,替代受损的听觉细胞,恢复听觉功能。还能分泌神经营养因子,促进内耳细胞的修复和再生,改善听觉传导通路的功能。

(2)耳鸣:通过干细胞的修复和再生作用,改善内耳的微环境,调节神经功能,从而减轻或消除耳鸣症状。

2. 鼻部疾病

(1)嗅觉障碍:干细胞能够分化为嗅

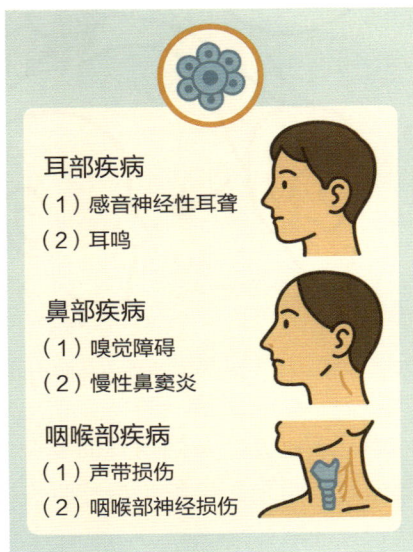

图5-62 干细胞治疗耳鼻咽喉科疾病

神经元等细胞，补充受损的嗅觉细胞，恢复嗅觉传导通路，改善嗅觉功能。

（2）慢性鼻窦炎：干细胞具有免疫调节作用，可减轻鼻窦炎症反应，促进鼻窦黏膜的修复和再生，改善鼻窦的生理功能。

3. 咽喉部疾病

（1）声带损伤：干细胞可以分化为声带的各种细胞，如成纤维细胞等，促进声带组织的修复和再生，改善声带的结构和功能，恢复声音质量。

（2）咽喉部神经损伤：干细胞可分化为神经细胞，修复受损的咽喉部神经，恢复神经传导功能，改善咽喉部的感觉和运动功能。

159　听力减退可以用干细胞治好吗？

使用干细胞治疗听力减退有一定的希望，但目前还不能完全确定干细胞可以将其治好（图5-63）。

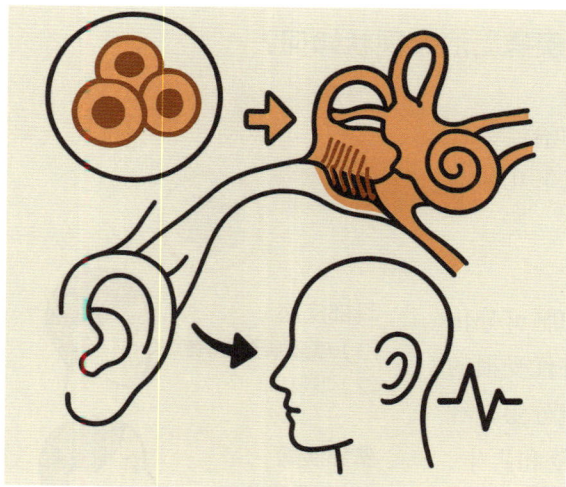

图5-63　干细胞治疗听力减退

干细胞治疗听力减退主要基于其能分化为内耳的毛细胞、神经元等细胞，替代受损细胞，以及分泌神经营养因子来改善内耳微环境、促进细胞修复和再生的原理。一些动物实验和初步的临床试验显示出了积极的迹象，比如通过干细胞移植，部分动物的听力有了一定程度的改善。然而，在实际应用中仍面临诸多挑战，包括如何让干细胞精准地分化为所需的内耳细胞并整合到内耳的复杂结构中，如何解决可能出现的免疫排斥反应等问题。目前，干细胞治疗听力减退尚处于研究和试验阶段，还没有成为临床常规的有效治疗方法。

第六章

免疫细胞知识入门

第一节 探秘免疫细胞

160 免疫系统大家族里有哪些成员？

人体免疫系统是一个大家族，这一大家族成员众多（图6-1），主要介绍下述几类。

1. 免疫器官

（1）中枢免疫器官：如骨髓，是免疫细胞发生、分化和成熟的场所，也是B细胞发育成熟的地方；胸腺，是T细胞分化、发育和成熟的中枢免疫器官。

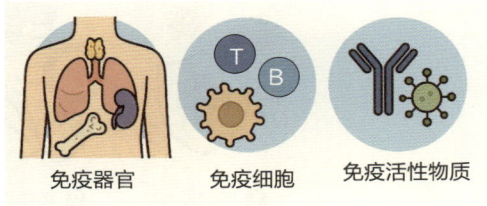

图6-1 免疫系统大家族成员

（2）外周免疫器官：像淋巴结，能过滤淋巴液，是免疫细胞发生特异性免疫应答的主要场所之一；脾脏，是人体最大的外周免疫器官，有过滤血液、产生血源性抗体等作用；黏膜相关淋巴组织，分布在呼吸道、胃肠道及泌尿生殖道黏膜等部位，是抵御病原体入侵的第一道防线。

2. 免疫细胞

（1）固有免疫细胞：包括中性粒细胞，能迅速吞噬和清除病原体；巨噬细胞，具有吞噬、抗原呈递等多种功能；树突状细胞，是功能最强的抗原呈递细胞；自然杀伤细胞（NK细胞），可直接杀伤病毒感染细胞和肿瘤细胞。

（2）适应性免疫细胞：主要是T淋巴细胞和B淋巴细胞。T淋巴细胞参与细胞免疫，可分化为辅助性T细胞、细胞毒性T细胞等；B淋巴细胞参与体液免疫，受抗原刺激后可分化为浆细胞，产生抗体。

3．免疫活性物质

（1）抗体：由浆细胞产生，能特异性结合抗原，发挥中和毒素、调理吞噬等作用。

（2）细胞因子：如白细胞介素、干扰素、肿瘤坏死因子等，由免疫细胞及组织细胞分泌，具有调节免疫细胞生长分化、介导炎症反应等功能。

（3）补体：存在于血清和组织液中的一组经活化后具有酶活性的蛋白质，可通过多种途径发挥溶菌、溶解病毒、调理吞噬等作用。

161 免疫系统的功能有哪些？

免疫系统具有防御、监视和稳定三大功能（图6-2）。

❶ 免疫防御　　❷ 免疫监视　　❸ 免疫稳定

图6-2　免疫系统的功能

1．免疫防御

（1）概念：防止外界病原体入侵，清除已入侵病原体及其他有害物质。

（2）作用方式：通过固有免疫和适应性免疫实现。固有免疫是第一道防线，能快速对病原体作出反应；适应性免疫则针对特定病原体产生特异性免疫应答，清除病原体。

（3）异常情况：功能过强会引发超敏反应，如过敏性鼻炎；功能过弱则会导致免疫缺陷病，使机体易受病原体感染，如艾滋病患者因免疫缺陷易患多种感染性疾病。

2．免疫监视

（1）概念：随时发现和清除体内出现的"非己"成分，如肿瘤细胞、衰老细胞和凋亡细胞。

（2）作用方式：免疫细胞可识别并清除这些异常细胞，维持内环境稳定。

（3）异常情况：若此功能低下，可能无法及时清除肿瘤细胞，导致肿瘤发生发展。

3．免疫稳定

（1）概念：通过自身免疫耐受和免疫调节机制，清除自身衰老和损伤的细胞，维持免疫系统内环境稳定。

（2）作用方式：免疫系统需识别自身和非自身抗原，对自身抗原产生耐受，避免免疫攻击；同时通过免疫调节，使免疫应答适度。

（3）异常情况：功能失调时，会打破免疫耐受，导致自身免疫病，如类风湿关节炎、系统性红斑狼疮等。

162 免疫细胞如何识别"敌人"的？

机体的免疫细胞主要通过以下几种方式识别"敌人"（图6-3）。

1．通过模式识别受体（PRR）识别病原体相关分子模式（PAMP）　固有免疫细胞如巨噬细胞、树突状细胞等表达PRR，可识别PAMP，如细菌的脂多糖、肽聚糖，病毒的双链RNA等。这些PAMP是病原体共有的、高度保守的分子结构，而机体自身细胞不表达。PRR与PAMP结合后，可激活固有免疫细胞，启动免疫反应。

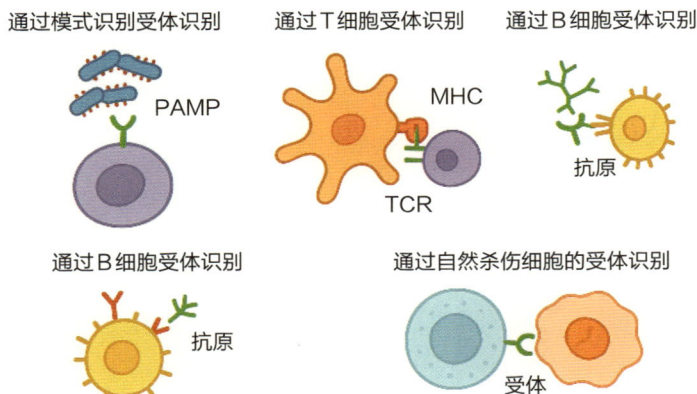

图6-3　免疫细胞识别"敌人"

2. 通过T细胞受体（TCR）识别抗原肽-主要组织相容性复合体（MHC）复合物　在细胞免疫中，T细胞通过TCR识别抗原。但TCR不能直接识别游离的抗原，只能识别由抗原呈递细胞（APC）加工处理后，与MHC分子结合形成的抗原肽-MHC复合物。其中，CD8+T细胞识别MHC-I类分子提呈的内源性抗原肽，CD4+T细胞识别MHC-II类分子提呈的外源性抗原肽。

3. 通过B细胞受体（BCR）直接识别抗原　B细胞通过BCR识别抗原，BCR可直接识别天然抗原的特定表位，无须抗原加工处理和MHC分子提呈。BCR识别抗原后，可激活B细胞，使其增殖分化为浆细胞，产生抗体，发挥体液免疫作用。

4. 通过自然杀伤细胞（NK细胞）的受体识别　NK细胞可通过其表面的激活性受体和抑制性受体来识别"敌人"。正常情况下，NK细胞的抑制性受体与自身细胞表面的MHC-I类分子结合，抑制NK细胞的杀伤活性。当细胞感染病毒或发生恶变时，MHC-I类分子表达下降或缺失，同时异常细胞会表达一些应激诱导的配体，NK细胞的激活性受体识别这些配体，激活NK细胞，使其杀伤靶细胞。

163 免疫细胞是如何活化和增殖的？

免疫细胞的活化和增殖是一个复杂的过程，下文介绍主要免疫细胞的相关过程（图6-4）。

1. T细胞

（1）活化：初始T细胞表面的T细胞受体（TCR）识别抗原呈递细胞（APC）表面的抗原肽-主要组织相容性复合体（MHC）复合物，同时T细胞表面的共刺激分子（如CD28）与APC表面的相应配体（如B7分子）结合，这两个信号共同作用使T细胞活化。

（2）增殖：活化的T细胞在白细胞介素-2（IL-2）等细胞因子的作用下，开

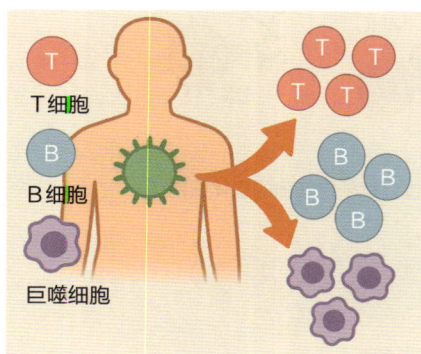

图6-4　免疫细胞活化和增殖

始进行克隆性增殖，迅速分裂形成大量具有相同特异性的T细胞克隆。

2．B细胞

（1）活化：B细胞通过其表面的B细胞受体（BCR）直接识别抗原，产生第一信号。同时，Th细胞表面的CD40L与B细胞表面的CD40结合，为B细胞提供第二信号，此外，Th细胞分泌的细胞因子也参与B细胞活化，在这些信号的共同作用下，B细胞被活化。

（2）增殖：活化的B细胞在细胞因子的作用下，进入细胞周期，开始增殖。B细胞在生发中心大量增殖，形成克隆。

3．巨噬细胞

（1）活化：巨噬细胞表面的模式识别受体（PRR）识别病原体相关分子模式（PAMP）或损伤相关分子模式（DAMP），可使巨噬细胞初步活化。同时，T细胞分泌的γ-干扰素（IFN-γ）等细胞因子也能激活巨噬细胞，使其吞噬、杀菌和抗原呈递能力增强。

（2）增殖：在某些细胞因子如巨噬细胞集落刺激因子（M-CSF）的作用下，巨噬细胞可进行有限的增殖，以补充局部巨噬细胞的数量。

164　免疫细胞是如何抵御和杀灭"敌人"的?

不同免疫细胞抵御和杀灭"敌人"的方式各有特点（图6-5）。

1．T细胞

（1）细胞毒性T细胞（CTL）：能识别并结合被病毒感染的细胞或肿瘤细胞表面的抗原肽 -MHC-I类复合物，通过释放穿孔素和颗粒酶，使靶细胞的细胞膜穿孔，颗粒酶进入细胞内激活凋亡相关的酶，诱导靶细胞凋亡。

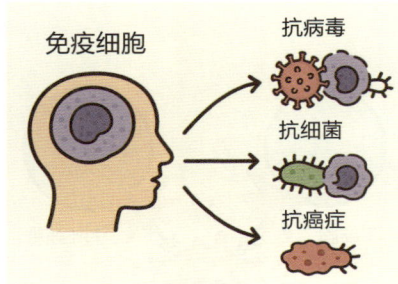

图6-5　免疫细胞抵御和杀灭"敌人"

（2）辅助性T细胞（Th细胞）：可分泌细胞因子，如白细胞介素 -2（IL-2）、γ-干扰素（IFN-γ）等，激活细胞毒性T细胞、B细胞、巨噬细胞等，增强它们的免疫功能，间接发挥抵御和杀灭病原体的作用。

2. B细胞 B细胞受抗原刺激后分化为浆细胞,浆细胞产生抗体。抗体可与病原体表面的抗原特异性结合,通过中和作用使病原体失去感染能力;还能介导调理吞噬作用,促进巨噬细胞等吞噬细胞对病原体的吞噬;此外,抗体和补体结合后可启动补体经典途径,形成膜攻击复合物,溶解病原体。

3. 巨噬细胞 巨噬细胞通过吞噬作用摄取病原体,将其包裹在吞噬体中,与溶酶体融合形成吞噬溶酶体,利用溶酶体内的水解酶、活性氧等物质将病原体降解。

巨噬细胞还可通过分泌细胞因子,如肿瘤坏死因子-α(TNF-α)等,来激活其他免疫细胞,或直接作用于病原体,发挥免疫防御作用。

4. 自然杀伤细胞(NK细胞) NK细胞可直接识别并杀伤病毒感染细胞和肿瘤细胞。它通过释放穿孔素和颗粒酶使靶细胞凋亡,还可通过表达FasL与靶细胞表面的Fas结合,诱导靶细胞凋亡。此外,NK细胞也能分泌细胞因子,如IFN-γ,来调节免疫反应。

5. 中性粒细胞 中性粒细胞可通过趋化作用到达感染部位,以吞噬方式摄取病原体,在吞噬溶酶体内利用多种杀菌物质如髓过氧化物酶、乳铁蛋白等杀灭和降解病原体。同时,中性粒细胞还可释放中性粒细胞胞外陷阱(NETs),将病原体捕获并杀灭在其中。

165 T细胞和NK细胞杀伤"敌人"(靶细胞)的作用机制是什么?

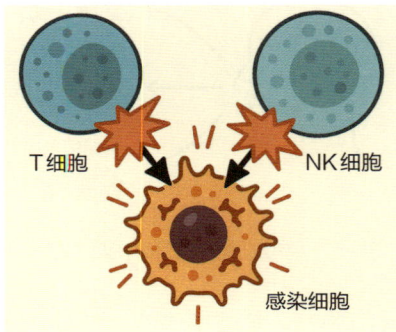

图6-6 T细胞和NK细胞杀死细胞

T细胞和NK细胞杀伤"敌人"的作用机制既有相似之处,也有不同点(图6-6)。

1. 相似机制 释放穿孔素和颗粒酶:T细胞中的细胞毒性T细胞(CTL)和NK细胞都能释放穿孔素和颗粒酶。穿孔素可以在靶细胞膜上形成孔道,使颗粒酶能够进入靶细胞。颗粒酶进入靶细胞后,激活一系列脱天蛋白酶,引发细胞凋亡级联反应,最终导致靶细胞凋亡。

2．不同机制

（1）T细胞：CTL通过T细胞受体（TCR）特异性识别靶细胞表面的抗原肽-主要组织相容性复合体（MHC）Ⅰ类分子复合物，这种识别具有高度特异性，只有表达相应抗原的靶细胞才会被杀伤。

（2）NK细胞：NK细胞的杀伤作用不依赖于抗原特异性识别。它通过表面的激活性受体和抑制性受体来识别靶细胞。正常细胞表面的MHCⅠ类分子与NK细胞的抑制性受体结合，抑制NK细胞的杀伤活性。但当细胞发生病变（如病毒感染或恶变）导致MHCⅠ类分子表达下调或缺失，同时激活性受体识别到靶细胞表面的应激诱导配体时，NK细胞就会被激活并杀伤靶细胞。此外，NK细胞还可通过抗体依赖的细胞介导的细胞毒作用（ADCC）来杀伤靶细胞，即NK细胞表面的Fc受体与结合在靶细胞表面的抗体Fc段结合，从而激活NK细胞，发挥杀伤作用。

166　为什么说免疫细胞是人体的忠诚卫士？

人体这个复杂而精妙的生态系统中，免疫细胞如同忠诚的卫士（图6-7），时刻守护着我们的健康。而当我们谈到补充免疫细胞时，这就像是为我们的免疫系统注入了一股强大的新力量，为身体带来诸多益处。免疫细胞，是免疫系统的重要组成部分，在抵御病原体入侵、识别和清除异常细胞以及维持身体内环境稳定等方面发挥着关键作用。

图6-7　免疫细胞是人体的忠诚卫士

补充免疫细胞能够显著增强人体的抗感染能力。在我们生活的环境中，充满了各种各样的细菌、病毒和其他微生物。当这些病原体侵入人体时，免疫细胞会迅速做出反应。其中，T细胞和B细胞是免疫系统中的"精锐部队"。补充的T细胞可以分为辅助性T细胞、细胞毒性T细胞等不同类型。辅助性T细胞能够分泌细胞因子，激活其他免疫细胞，增强免疫反应。细胞毒性T细胞则能够直接杀伤被感染的细胞。补充的B细胞能够产生特异性抗体，这些抗体可以与病原体结合，使其失去活性或更容易被其他免疫细胞清除。通过补充这些免疫细胞，可以使免疫系统更加迅速、有效地应对病原体的入侵，降低感染疾病的风险。补充免疫细胞对于预防和控制肿瘤的发生发展具有重要意义。肿瘤细胞是由正常细胞恶变而来，它们往往能够逃避免疫系统的监视和攻击。然而，强大的免疫细胞可以识别肿瘤细胞表面的特异性抗原，发动精准的攻击。自然杀伤细胞（NK 细胞）就是其中的"抗癌先锋"，它们不需要预先致敏，就能直接识别和杀伤肿瘤细胞。此外，树突状细胞（DC 细胞）能够摄取肿瘤抗原，并将其呈递给 T 细胞，激活特异性的抗肿瘤免疫反应。通过补充这些免疫细胞，可以增强免疫系统对肿瘤细胞的监视和清除能力，降低肿瘤的发生风险，甚至在肿瘤已经形成的情况下，也有可能抑制肿瘤的生长和扩散，提高肿瘤治疗的效果。

补充免疫细胞有助于调节免疫系统的平衡。免疫系统就像一个天平，需要保持微妙的平衡才能正常运作。如果免疫系统过度活跃，就可能导致自身免疫性疾病的发生，如类风湿关节炎、系统性红斑狼疮等。如果免疫系统功能低下，则容易受到感染和肿瘤的侵袭。调节性 T 细胞（Treg 细胞）在维持免疫系统平衡中起着关键作用，它们能够抑制过度的免疫反应，防止免疫系统对自身组织的攻击。补充适量的调节性 T 细胞可以帮助恢复免疫系统的平衡，预防和治疗自身免疫性疾病。补充免疫细胞还能在延缓衰老方面发挥积极作用。随着年龄的增长，人体内的免疫细胞数量和功能会逐渐下降，这是导致老年人免疫力降低、容易患病的一个重要原因。通过补充年轻、健康、有活力的免疫细胞，可以提高免疫系统的整体功能，增强身体对疾病的抵抗力，延缓衰老相关疾病的发生，让人们在晚年依然能够保持良好的健康状态。我们通过一个具体的案例来更直观地了解补充免疫细胞的作用。李先生，一位长期工作压力大、生活不规律的中年男性，频繁出现感冒、疲劳等症状，身体状况每况愈下。经过全面的身体检查和免疫功能评估，发现他的免疫系统存在明显的功能减退。在医生的建议下，李先生接受了免疫细胞补充治疗。几个月后，他明显感觉到自己的精力更加充沛，感冒的频率大大降低，身体的抵抗力明显增强。另一个案例是张女士，她被诊断出患有早期乳腺癌。在接受手术和化疗的同时，她也进行了免疫细胞补充治疗。经过一段时间的治疗，她的免疫系统功能得到了显著提升，有效地协助了其他治疗手段，提高了治疗效果，降低了癌症复发的风险。

　　补充免疫细胞在应对慢性炎症性疾病方面也具有潜在的价值。例如，在慢性肝炎、慢性肾炎等疾病中，炎症反应持续存在，对器官造成损害。免疫细胞可以通过调节炎症因子的分泌，减轻炎症反应，保护器官功能。需要明确的是，补充免疫细胞并非一劳永逸的解决方案。它需要在专业医生的指导下，根据个体的健康状况、免疫功能评估结果等因素进行综合考虑和制订个性化的治疗方案。同时，免疫细胞的补充也需要严格的质量控制和安全监测，以确保治疗的有效性和安全性。随着科学技术的不断发展，免疫细胞治疗的方法和技术也在不断创新和完善。从最初的细胞提取、培养到如今的基因编辑、细胞改造等先进技术的应用，免疫细胞治疗正朝着更加精准、高效的方向发展。相信在不久的将来，补充免疫细胞将成为一种更加普及、有效的医疗手段，为人类的健康事业带来更多的惊喜和突破。补充免疫细胞在人体内能够发挥抗感染、抗肿瘤、调节免疫平衡、延缓衰老等多种重要作用。它为我们的健康提供了一道坚固的防线，让我们能够更好地应对各种疾病的挑战，拥抱充满活力和健康的生活。让我们关注免疫细胞补充这一前沿领域的发展，为自己的健康投资，为美好的未来奠定坚实的基础。

167　你的生活方式会对免疫细胞乃至机体免疫有影响吗？

　　人类的生活方式影响免疫细胞乃至机体免疫（图6-8）。

1. 饮食

　　（1）均衡饮食可提供免疫细胞正常发育和功能所需的营养物质，如蛋白质、维生素C、锌等，有助于维持免疫细胞的数量和活性。营养不良会导致免疫细胞生成减少、功能受损，使机体易受病原体侵袭。

　　（2）高糖、高脂肪、高盐的食物可能引起肥胖及慢性炎症，干扰免疫系统正常功能，影响免疫细胞的代谢和信号传导，降低免疫细胞对病原体的反应能力。

2. 运动

　　（1）适度运动能促进血液循环，使免疫细胞更快速地在体内流动，便于识别和清除病原体。同时，运动还可促进免疫细胞的更新和再生，增强其活性。

图6-8 生活方式影响免疫细胞

（2）长期过度运动可能导致身体疲劳，使免疫细胞功能受到抑制，如T细胞、NK细胞的活性下降，增加感染风险。

3. 睡眠 充足的睡眠有助于免疫细胞的正常发育和功能维持。睡眠过程中，身体会分泌一些细胞因子，如白细胞介素-1等，可促进免疫细胞的增殖和活化。长期睡眠不足或睡眠质量差会影响免疫系统的正常节律，导致免疫细胞数量减少、活性降低，削弱机体的免疫防御能力。

4. 心理压力

（1）长期处于高压力状态会使体内激素失衡，如皮质醇分泌增加，可抑制免疫细胞的活性，影响T细胞、B细胞的增殖和分化，降低抗体的产生。

（2）不良心理状态还会影响神经-内分泌-免疫网络的调节，使免疫细胞对病原体的反应能力下降，增加患病概率。

5. 吸烟与饮酒

（1）吸烟会损害呼吸道黏膜，影响免疫细胞的功能，降低巨噬细胞的吞噬能力，使T细胞、NK细胞的活性受到抑制，增加感染和肿瘤的发生风险。

（2）过量饮酒会影响免疫系统，干扰免疫细胞的代谢和功能，抑制T细胞、B细胞的活性，降低机体的免疫防御能力，易引发感染性疾病。

第二节　免疫细胞是细胞治疗的第二个亮点

168 为什么说免疫细胞是细胞治疗的第二个亮点？

细胞治疗的第一个亮点是干细胞，免疫细胞被认为是细胞治疗的第二个亮点，有下述特点（图6-9）。

1.　精准靶向性　免疫细胞经过体外改造或筛选后，能够精准识别肿瘤细胞或病变细胞表面的特定抗原，如CAR-T细胞，可通过其表面的嵌合抗原受体精准结合肿瘤细胞表面抗原，实现对肿瘤细胞的精准打击，减少对正常细胞的损伤。

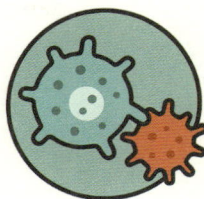

1 精准靶向性
2 强大的杀伤能力
3 免疫记忆特性
4 个体化治疗优势
5 多种疾病治疗

图6-9　免疫细胞治疗的特点

2.　强大的杀伤能力　激活后的免疫细胞具有强大的杀伤功能。例如细胞毒性T细胞、NK细胞等，可通过释放穿孔素、颗粒酶等物质，诱导肿瘤细胞或病变细胞凋亡，从而有效清除体内的异常细胞。

3.　免疫记忆特性　部分免疫细胞如记忆性T细胞，在清除病原体或肿瘤细胞后，会在体内长期存在。当再次遇到相同抗原时，能迅速增殖分化为效应细胞，启动快速、强烈的免疫反应，提供持久的免疫保护。

4.　个体化治疗优势　免疫细胞治疗可以根据患者自身的细胞进行采集、培养和改造，具有高度的个体化特征。这种个体化治疗方案能够更好地适应患者的具体病情和身体状况，降低免疫排斥反应的发生风险，提高治疗效果。

5.　多种疾病治疗潜力　除了在肿瘤治疗方面取得显著成果外，免疫细胞治疗在自身免疫性疾病、感染性疾病等多种疾病的治疗中也展现出了巨大的潜力，为这些疾病的治疗提供了新的思路和方法。

6.　技术创新推动发展　近年来，免疫细胞治疗技术不断创新和发展，如CAR-T细胞疗法、TCR-T细胞疗法、NK细胞疗法等新型免疫细胞治疗技术的出现，以及基因编辑技术在免疫细胞治疗中的应用，为免疫细胞治疗的进一步发展提供了有力的技术支持。

169　为什么说免疫细胞是细胞治疗的重要组成部分？

免疫细胞和干细胞是细胞治疗的重要组成部分（图6-10）。

1.　疾病治疗广泛有效

（1）肿瘤治疗：免疫细胞能直接识别和杀伤肿瘤细胞。如CAR-T细胞疗

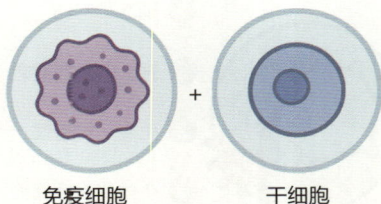

免疫细胞　　　　干细胞

· 疾病治疗广泛有效
· 自我更新与增殖能力
· 免疫记忆特性
· 低免疫原性

**图6-10　免疫细胞是细胞治疗的重要
组成部分**

法，通过对T细胞进行基因编辑，使其能精准识别肿瘤抗原，在白血病、淋巴瘤等血液系统肿瘤治疗中效果显著。

（2）感染性疾病治疗：免疫细胞可清除病原体。如细胞毒性T细胞能识别并杀死被病毒感染的细胞，NK细胞可直接杀伤病毒感染细胞，辅助性T细胞通过分泌细胞因子增强免疫反应，共同应对感染。

（3）自身免疫性疾病治疗：调节性T细胞可抑制过度的免疫反应，通过回输调节性T细胞，能帮助控制自身免疫性疾病如类风湿关节炎、系统性红斑狼疮等的病情。

2　自我更新与增殖能力　免疫细胞在体内可自我更新，如造血干细胞能不断分化产生新的免疫细胞。在细胞治疗中，可在体外培养扩增免疫细胞，如通过细胞因子刺激，使NK细胞、T细胞等大量增殖，获得足够数量的细胞用于治疗，且回输后它们仍具有增殖能力，能在体内持续发挥作用。

3　免疫记忆特性　免疫细胞具有免疫记忆功能，如记忆性T细胞和B细胞。在细胞治疗中，经疫苗或抗原刺激后的免疫细胞回输，可让机体对特定抗原产生长期记忆，再次接触相同抗原时，能快速启动免疫反应，增强免疫保护，预防疾病复发。

4　低免疫原性　自身来源的免疫细胞用于细胞治疗时，免疫原性较低，引起免疫排斥反应的风险小。即使是异体来源的免疫细胞，经过适当处理和筛选，也可降低免疫原性，提高治疗的安全性和可行性。

第三节　抗衰老、亚健康和慢病治疗的利器

170　免疫细胞在抗衰老中起到什么作用？

免疫细胞在抗衰老中起下述作用（图6-11）。

1. 清除衰老细胞　随着年龄增长，体内会出现衰老、损伤的细胞。免疫细胞中的NK细胞、巨噬细胞等能识别并清除这些细胞，防止它们在体内积累，减少其对周围组织的损害，维持组织器官的正常功能，从而延缓衰老进程。

2. 对抗病原体　免疫细胞能识别和清除细菌、病毒等病原体，降低感染性疾病的发生风险。老年人免疫

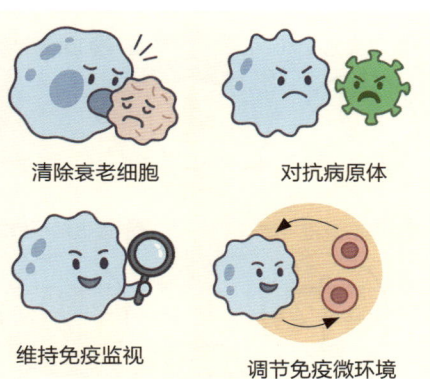

图6-11　免疫细胞在抗衰老中的作用

功能下降，易受病原体侵袭，而免疫细胞功能正常可减少疾病对身体的损伤，保持身体健康，间接起到抗衰老作用。

3. 维持免疫监视　免疫细胞可及时发现并清除体内发生突变的细胞，防止其增殖形成肿瘤。肿瘤的发生会对机体造成严重损害，加速衰老过程，免疫细胞通过维持免疫监视功能，有助于降低肿瘤发生概率，维护机体健康。

4. 调节免疫微环境　免疫细胞能分泌细胞因子等物质，调节免疫微环境。如调节炎症反应，适量的炎症反应有助于机体抵御外界伤害，但慢性炎症会加速衰老，免疫细胞可通过调节使炎症反应维持在适当水平，减少炎症对机体的损伤，起到抗衰老作用。此外，间充质干细胞等免疫细胞还具有免疫调节功能，可调节免疫系统的过度激活或抑制，维持免疫平衡。

171　免疫细胞为什么对亚健康状态效果显著？

免疫细胞对亚健康疗效显著，主要原因如下（图6-12）。

1. 增强机体免疫力　亚健康状态下，人体免疫系统功能有所下降。免疫细胞中的T细胞、B细胞等能识别和清除病原体，NK细胞可直接杀伤肿瘤细胞和病毒感染细胞。补充或激活免疫细胞，能增强机体抵御外界病原体的能力，降低患病风险，改善亚健康状态。

2. 清除体内异常细胞　亚健康时，体内可能出现衰老、损伤或突变的细胞。免疫细胞可识别并清除这些异常细胞，如巨噬细胞能吞噬衰老和损伤的细胞，防

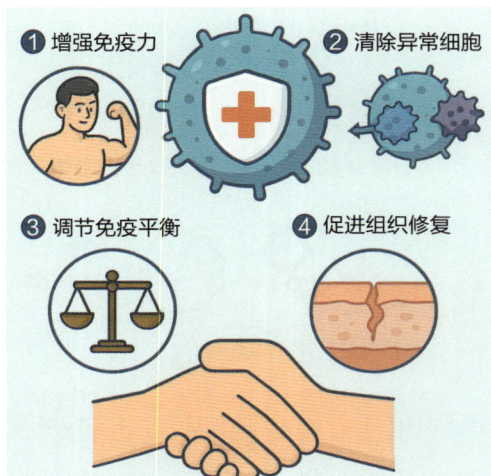

① 增强免疫力　② 清除异常细胞

③ 调节免疫平衡　④ 促进组织修复

图6-12　免疫细胞治疗亚健康状态效果显著

止其积累对身体造成损害，维持内环境稳定，使身体恢复到健康状态。

3. 调节免疫平衡　亚健康状态可能伴随免疫功能紊乱，如炎症因子水平异常。免疫细胞可以分泌细胞因子，调节炎症反应，使炎症因子水平恢复正常，避免慢性炎症对身体的损伤。同时，调节性T细胞等可抑制过度的免疫反应，维持免疫平衡，改善身体的亚健康状态。

4. 促进组织修复和再生　免疫细胞和干细胞在组织修复与再生过程中具有协同作用。免疫细胞负责清理受损组织的碎片和有害物质，为干细胞创造一个洁净、安全的环境，而干细胞则通过自我更新和多向分化能力，替代损伤或衰老的细胞，维持组织和器官的正常功能。某些类型的免疫细胞还能够分泌生长因子，刺激细胞再生和组织修复，有助于改善机体各组织和器官的功能，这种"免疫细胞＋干细胞"的组合疗法，被证实能更有效地促进身体组织的再生与修复，减轻疲劳感，提高生活质量。

172　免疫细胞对哪些慢性病特别有效？

1. 心血管疾病　疫细胞可调节炎症反应，减少动脉粥样硬化斑块的形成和发展，降低心血管疾病的发生风险。同时，还能促进血管内皮细胞的修复和再生，改善血管功能（图6-13）。

2. 糖尿病　充质干细胞可以分化为胰岛素分泌细胞，有助于恢复胰岛功能，调节血糖水平，免疫细胞可以改善胰岛素抵抗，提高机体对胰岛素的敏感性。

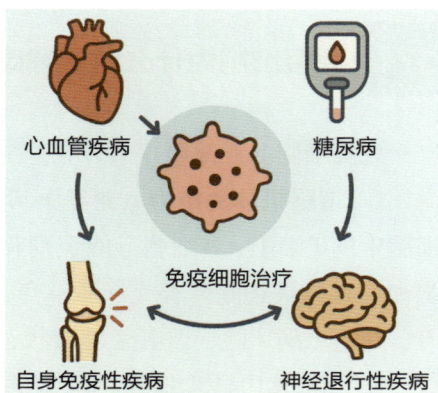

心血管病　　　糖尿病

免疫细胞治疗

自身免疫性疾病　　神经退行性疾病

图6-13　免疫细胞治疗慢性病

3. 自身免疫性疾病　类风湿关节炎、系统性红斑狼疮等，免疫细胞中的调节性T细胞等可调节免疫系统，抑制过度的免疫反应，减轻炎症损伤，缓解疾病症状。

4. 神经退行性疾病　帕金森病、阿尔茨海默病等，免疫细胞可分泌神经营养因子，促进神经细胞的修复和再生，抑制神经炎症，对神经功能有一定的保护和改善作用。

173　人过40岁，为什么要及时补充免疫细胞？

人过40岁要及时补充免疫细胞的原因（图6-14）。

1. 免疫衰退来袭　随着年龄的增长，免疫细胞的数量和活力却悄然发生着变化。科学研究表明，人体免疫系统的免疫力在20岁左右达到高峰，此后便逐渐走下坡路。到了40岁时，免疫细胞数量仅剩下20岁时的一半，免疫器官也开始衰老，尤其是胸腺等器官严重萎缩。1962年免疫学专

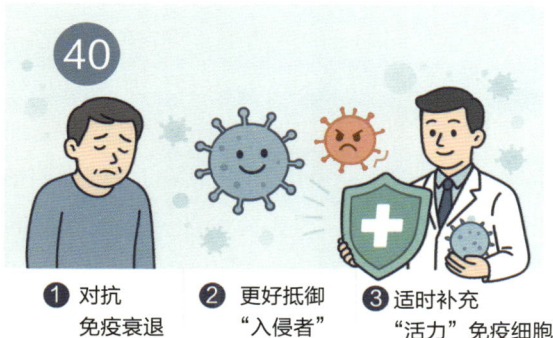

❶ 对抗免疫衰退　❷ 更好抵御"入侵者"　❸ 适时补充"活力"免疫细胞

图6-14　补充免疫细胞

家Walford提出，随着年龄的增长，免疫器官老化、免疫细胞数量降低，脑、心、肺、肾和肝等重要器官的生理功能下降，将导致人体逐渐出现身体上的不适，增加疾病的发病率。《美国国家科学院院刊》上的一项研究也指出，这种免疫衰老会使得人体对病原体和癌细胞的防御能力大幅下降，将会给疾病的发生创造条件。当免疫细胞的数量和功能不足时，亚健康状态便容易乘虚而入，表现为疲劳、失眠、记忆力减退等症状。长期处于亚健康状态，又会进一步增加患慢性病的风险，如高血压、糖尿病等。同时，衰老的进程也会因免疫功能的下降而加速，皮肤失去光泽、皱纹增多、身体机能减。例如，2021年5月，《自然》杂志发表了一篇关于免疫细胞的文章，该研究指出，免疫细胞的衰老，会导致全身衰老。而癌症肿瘤更是在免疫细胞的"监视"漏洞

下，有了滋生和发展的机会。正如2018年《美国国家科学院院刊》曾表示的那样：免疫力衰退是肿瘤发生的根本原因。

2. 为了更好的抵御"入侵者" 免疫细胞主要存在于血液和组织中，例如NK/NKT细胞，CIK细胞，DC细胞，CTL和TIL细胞，CAR-T细胞等。它们能够起到抵挡细菌、病毒的入侵，并可以及时清除病变、衰老、甚至癌变细胞，杀灭肿瘤细胞等作用，是抵御各种外来"入侵者"和内部"叛变者"的核心力量。当细菌、病毒等外来病原体试图突破人体的防线时，免疫细胞就像勇猛的战士，迅速识别并发起攻击。例如，T细胞能够精准识别被病原体感染的细胞，如同训练有素的狙击手，将其一举消灭；而NK细胞则像游走的巡逻兵，凭借自身的"雷达"系统，快速识别并杀伤肿瘤细胞和被病毒感染的细胞，不给"敌人"可乘之机。对于体内衰老、病变的细胞，免疫细胞也会毫不留情，例如，巨噬细胞如同勤劳的清洁工，将它们吞噬清除，维持身体内环境的稳定。

3. 适时补充"活力"免疫细胞 开启健康生活新征程幸运的是，免疫细胞回输技术为我们带来了新的希望。免疫细胞回输就像是为人体的免疫系统注入了一股"强心剂"。回输后的免疫细胞能够发挥多方面的作用。在调理亚健康方面，它可以改善睡眠质量，让疲惫的身体重新焕发生机，就像给干涸的土地带来甘霖，迅速提升机体活力，增强体质，消除疲劳、乏力等症状。对于慢性病的防治，免疫细胞能够修复受损的组织和器官，调节紊乱的免疫系统，例如在糖尿病的治疗中，有研究发现免疫细胞回输可以改善胰岛细胞的功能，降低血糖水平。在抵抗衰老方面，免疫细胞可以清除衰老细胞，促进胶原蛋白的生成，使肌肤重新紧致有弹性，如同给老化的机器进行零件更新，让人恢复青春活力。在预防癌症方面，免疫细胞能增强对癌细胞的识别和杀伤能力，及时清除体内的癌细胞，降低癌症的发病风险，成为人体防癌抗癌的坚固防线。一项针对亚健康人群的研究显示，接受免疫细胞回输治疗后，超过80%的患者疲劳感明显减轻，生活质量得到显著提高。在癌症治疗领域，某些类型的癌症患者通过免疫细胞回输，生存率提高了30%～50%。另一项发表于《美国国家科学院院报》上的研究报告指出：通过回输新鲜的免疫细胞可以逆转T细胞衰竭状态，甚至可以治疗慢性病毒感染！为免疫细胞治疗感染性疾病、癌症开创了新天地。在健康危机日益严峻的今天，及时补充"活力"免疫细胞，无疑是我们调理亚健康、防治慢病、抵抗衰老、预防癌症的有力武器。让我们重视起自身的免疫健康，借助现代医学的力量，开启健康生活的新征程。

174 为什么有人形容：干细胞是人体的修理工，免疫细胞相当于人体的清洁工？

干细胞和免疫细胞的共同点在于：两种细胞都有助于抗衰老。同时，它们的数量和活性都会随着年龄的增长而降低。

1665年，当 Robert Hooke 第一次用显微镜发现细胞的时候，他不会想到，有一天细胞也会被用于疾病的治疗。近300年后的1957年，Donnal Thomas 成功实施一例骨髓造血干细胞移植，细胞治疗第一次从理论走向临床。此后，干细胞的研究热潮也推动了再生医学的发展。

2012年，一个名叫 Emily 的小女孩接受了一种全新的细胞疗法——CAR-T，并被成功治愈。这个案例点燃了科学家的研究热情，免疫细胞疗法渐入佳境。

目前，最常见的两种治疗细胞是：干细胞和免疫细胞。打个比方，它们的区别在于：干细胞是做加法，免疫细胞是做减法。也就是说，干细胞是给人体补充新的细胞、细胞因子等，而免疫细胞则是清除人体内的有害物质（图6-15）。

干细胞和免疫细胞的共同点在于：两种细胞都有助于抗衰老。同时，它们的数量和活性都会随着年龄的增长而降低。

图6-15 干细胞是人体的修理工，免疫细胞是人体的清洁工

人体修理工：如果把人体看作一个庞大而精密运转的机器，干细胞就是这个机器里最忙碌，也最重要的一群修理工。无论是机器损坏，还是零件老化，这群修理工都会现身，全力保护人体健康。它们不仅能多向分化，补充新鲜细胞；也能分泌细胞因子，给受损细胞提供营养支持。简言之，干细胞的作用是——维持生机。

干细胞根据分化潜能不同，分为全能干细胞、多能干细胞、单能干细胞；

干细胞根据发育阶段不同，分为胚胎干细胞、成体干细胞；干细胞根据取材来源不同，可分为骨髓、骨膜、脂肪、滑膜、骨骼肌、肝、乳牙、脐带、脐带血干细胞等；干细胞根据组织功能不同，可分为造血、神经、心肌、血管、皮肤干细胞等。而目前人们存储的干细胞主要源于新生儿的脐带血、脐带、胎盘，换牙期儿童的乳牙，成年人的脂肪。

人体清洁工：如果说干细胞是人体的修理工，那么免疫细胞就相当于人体的清洁工。它们一方面要清除细菌、病毒等外来入侵者；另一方面，也要清除体内衰老细胞以及发生突变的细胞，也就是维稳。

目前临床应用较多的自然杀伤细胞（NK cell）、细胞因子诱导的杀伤细胞（如CIK、CTL、γδ T等）和最近特别火的CAR-T细胞。

第四节　癌细胞的天敌

175 为什么免疫细胞被称为癌细胞的天敌？

有个说法：免疫细胞被称为癌细胞的天敌，原因主要有以下几点（图6-16）。

1. 因为它可以识别癌细胞　癌细胞表面会表达一些异常的抗原，如癌胚

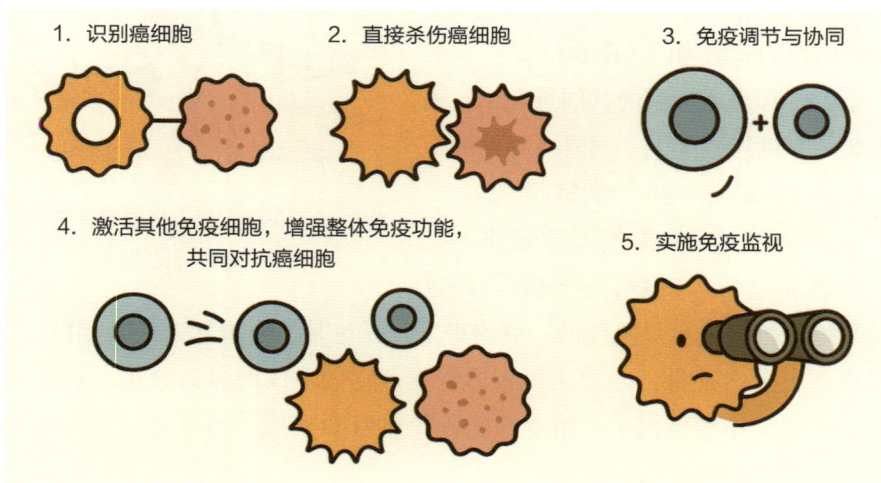

图6-16　免疫细胞被称为癌细胞的天敌

抗原、甲胎蛋白等。免疫细胞中的 T 细胞、B 细胞等具有高度的特异性识别能力，能通过其表面的抗原受体精准识别这些癌细胞表面的抗原，从而区分癌细胞与正常细胞，启动免疫攻击。

2. 因为它可以直接杀伤癌细胞

（1）NK 细胞：无须预先致敏就能直接识别并杀伤癌细胞，通过释放穿孔素和颗粒酶，使癌细胞膜穿孔，细胞内容物外泄，进而诱导癌细胞凋亡。

（2）细胞毒性 T 细胞：被激活后能特异性识别并结合癌细胞，通过释放细胞毒性物质，如穿孔素、颗粒酶等，直接裂解癌细胞。

3. 因为它可以进行免疫调节与协同。

4. 免疫细胞通过分泌细胞因子，如干扰素、白细胞介素等，激活其他免疫细胞，增强整体免疫功能，共同对抗癌细胞。例如，辅助性 T 细胞可通过分泌细胞因子来激活细胞毒性 T 细胞和 B 细胞，使其更好地发挥杀伤癌细胞的作用。此外，巨噬细胞在吞噬癌细胞后，会将抗原信息呈递给 T 细胞，激活 T 细胞的免疫反应，形成免疫细胞之间的协同作用，更有效地清除癌细胞。

5. 因为它可以有效实施免疫监视 免疫细胞在体内不断巡逻，能及时发现并清除新生的癌细胞。在肿瘤发生的早期，癌细胞数量较少，免疫细胞可以通过免疫监视功能将其识别并消灭，防止癌细胞增殖形成肿瘤。这一功能能够有效阻止癌症的发生和发展，维持机体的健康状态。

176 免疫细胞为什么可以预防恶性肿瘤？

国内外大量研究资料证实，每个人每天都会产生 3000～6000 个癌前期细胞，如幼稚细胞、畸形细胞、衰老细胞等，倘若在特殊条件下，受特殊因素作用和诱导，如基因缺陷、空气污染、不良食品和过度烟酒摄入、病毒等病原微生物感染、心理因素和社会因素导致严重精神压力和负面情绪等，极易导致这些癌前期细胞转化而出现癌变。人到 40 岁以后，机体免疫力直线下降，更加容易罹患癌症。

免疫细胞可以在一定程度上预防肿瘤，主要体现在以下几个方面（图 6-17）。

1. 行使免疫监视功能 疫细胞能持续监测体内细胞的变化，识别并清除异常增殖、发生基因突变的癌细胞，在肿瘤形成初期就将其消灭，从而防止

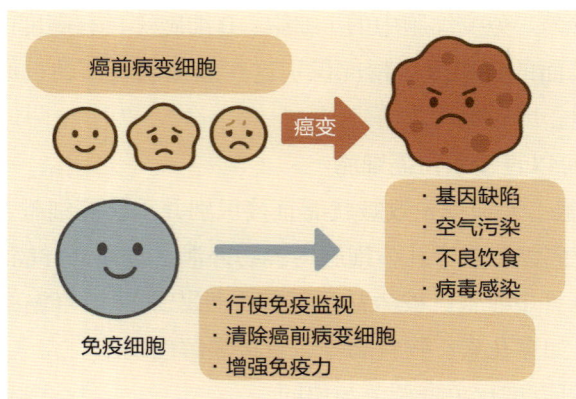

图6-17　免疫细胞可预防恶性肿瘤

肿瘤发展。

2. 清除癌前病变细胞　疫细胞可识别并清除具有癌变倾向的细胞，降低癌症发生风险。例如，NK细胞能识别并杀伤癌前病变细胞，阻止其进一步发展为癌细胞。

3. 增强机体免疫力　过激活T细胞、B细胞等免疫细胞，增强机体的免疫功能，提高对肿瘤细胞的抵抗力。同时，免疫细胞分泌的细胞因子还能调节免疫系统，使其处于良好状态，更好地发挥抗肿瘤作用。

第七章

免疫细胞治疗恶性肿瘤

第一节　肿瘤治疗的原则和方向

177 免疫细胞可以治疗哪些恶性肿瘤?

免疫细胞可治疗多种恶性肿瘤（图7-1）。

1. 实体肿瘤　包括黑色素瘤，作为一种恶性程度较高的皮肤肿瘤，对免疫治疗较为敏感，免疫细胞治疗可增强机体对肿瘤细胞的免疫应答。还有肺癌，特别是非小细胞肺癌，免疫细胞治疗可以与手术、化疗、放疗、靶向药等综合应用，提高治疗效果。另外，在乳腺癌、肝癌、胃癌、结直肠癌等实体肿瘤的治疗中，免疫细胞治疗也在不断探索和应用中，显示出一定的疗效，能够改善患者的生存质量和生存期。

2. 血液系统恶性肿瘤　白血病，尤其是急性淋巴细胞白血病、急性髓系白血病等，免疫细胞治疗可以通过识别和杀伤白血病细胞，达到缓解病情、延长生存期的目的。还有淋巴瘤，包括霍奇金淋巴瘤和非霍奇金淋巴瘤，免疫细胞治疗能激活机体免疫系统来攻击淋巴瘤细胞。

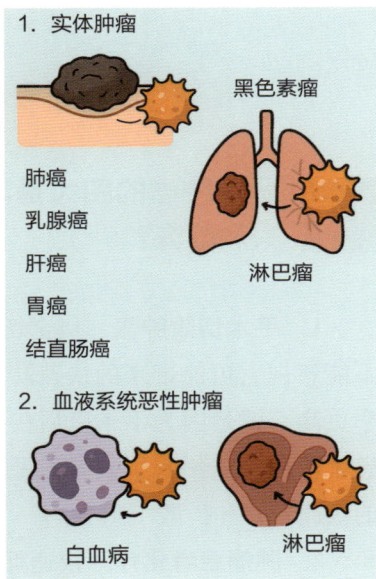

图7-1　免疫细胞治疗恶性肿瘤

免疫细胞治疗是一种新兴的肿瘤治疗方法，虽然在多种恶性肿瘤的治疗中取得了一定进展，但目前仍存在一些局限性，通常需要与其他治疗方法联合使用，以达到更好的治疗效果。

178 恶性肿瘤的治疗有哪四大基本手段？

国际公认的恶性肿瘤的四大基本治疗手段是：手术、化疗、放疗、免疫细胞治疗（图7-2）。

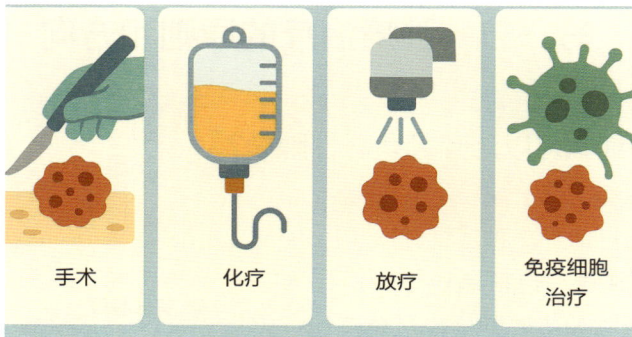

图7-2　治疗恶性肿瘤的四大手段

179 恶性肿瘤的四大基本治疗手段各有何利弊？如何扬长避短、兴利除弊？

1. 手术切除肿瘤　按全切或部分切掉肿瘤体，当然应是首选，但我们又不能忽视它可能带来的快速转移和扩散。有些肿瘤患者术后死得更快、死亡率更高，就是因为手术以后快速转移和扩散所致。解决的办法是：术前先给患者输注免疫细胞，或者先做小剂量辅助化疗，以控制术中和术后肿瘤细胞的快速转移和扩散（图7-3）。

2. 肿瘤患者化疗　快速抑制肿瘤组织的生长，控制病情的发展，这是可取的治疗手段。然而，它所产生的副作用如骨髓抑制、肝肾和胃肠功能损害等副作用不可小视，因为它直接降低甚至摧毁患者的机体免疫力，使患者的生命质量和生存质量快速下降，并增加细菌病毒等病原微生物的感染，从而危及生命。解决的办法是：第一，严格筛选化疗药物，尽量规避那些副作用太大的化学药物（包括一些靶向药）；第二，同时使用免疫细胞，因为免疫细

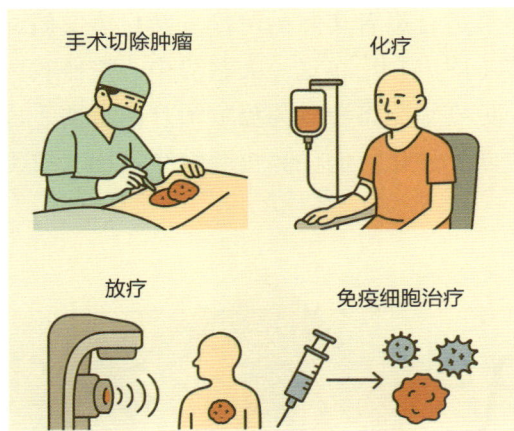

图7-3　恶性肿瘤治疗手段的利弊

胞安全几乎无副作用，而且可以提升患者体质，降低化疗不良反应。

3．放疗　用X射线和伽马射线照射肿瘤组织，直接杀死癌细胞，直接控制肿瘤组织的生长，这无疑是一种可靠有效的治疗手段，但它的弊端也是显而易见的，如对有些难以固定的脏器和组织照射的精准度不够，放射损伤的程度如鼻咽癌放疗带来的听力下降、味觉和嗅觉减退和消失等，无疑会增加患者的痛苦。解决的办法是：在加强放射防护的同时输注免疫细胞，以增强治疗效果，减轻患者的副作用。

4．免疫细胞治疗　疫细胞疗效好，几乎无毒副反应，而且在控制肿瘤的转移和播散方面，有着其他疗法无法替代的作用。因此，术前后输注免疫细胞，应是扬长避短的最佳选择。免疫细胞的缺点在起效较慢，因为免疫细胞杀死癌细胞需要一个发起攻击和置癌细胞以死地的时间，不像化疗和放疗那样立即展现效果。一般会在一周内起效，一个月左右达到高峰，作用可维持半年以上 。解决的办法是：采用综合治疗的方法，结合手术、化疗、放疗中的某些手段，对易扩散转移的恶性肿瘤既快速遏制，又控制它的转移、扩散和复发。

180　今后癌症治疗的方向和趋势是什么？

采用手术、放化疗和免疫细胞治疗的综合手段，对癌症患者高屋建瓴地扬长避短，选用最适合患者实际的治疗方案付诸实施，这将是今后癌症治疗的方向和趋势（图7-4）。在这一大趋势中，按照我国著名免疫学家田志刚院士的预测，免疫细胞将会成为癌症治疗的重要手段，手术＋免疫细胞将会成为主导方向。放化疗的优势也会继续发挥，成为癌症治疗的重要辅助手段。

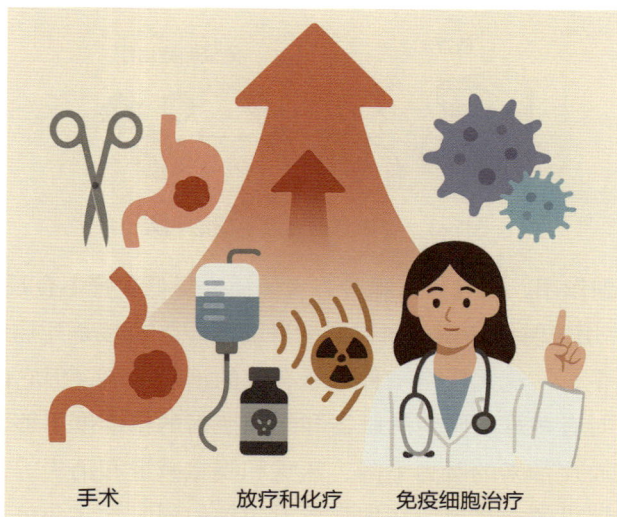

图7-4　癌症治疗的方向和趋势

第二节　免疫细胞治疗的选择和应用

181 几种常用的免疫细胞有何异同？

NK细胞（自然杀伤细胞）、CTL（细胞毒性T淋巴细胞）、CIK细胞（细胞因子诱导的杀伤细胞）和DC细胞（树突状细胞）都是较常用的免疫细胞（图7-5）。

1. 相同点

（1）免疫相关功能：都参与机体的免疫反应，在抵御病原体感染、肿瘤监视和免疫调节等方面发挥作用。

（2）起源：都源于造血干细胞。

2. 不同点

（1）识别机制：NK细胞通过识别靶细胞表面的特定分子，如杀伤细胞免疫球蛋白样受体（KIR）来识别异常细胞，不依赖抗原致敏，无MHC限制性。CTL细胞通过T细胞受体（TCR）特异性识别由MHC Ⅰ类分子提呈的抗原肽，具有MHC限

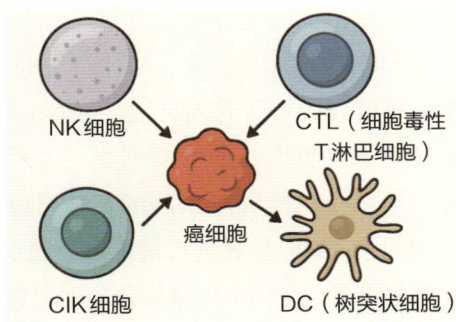

图7-5 几种常用的免疫细胞的异同

制性。CIK细胞识别抗原具有非MHC限制性，主要通过NKG2D等受体识别靶细胞表面的配体。DC细胞通过模式识别受体（PRR）识别病原体相关分子模式（PAMP）或损伤相关分子模式（DAMP）来摄取抗原。

（2）杀伤机制：NK细胞可通过释放穿孔素、颗粒酶使靶细胞裂解，还可通过Fas/FasL途径诱导靶细胞凋亡。CTL细胞主要通过释放穿孔素、颗粒酶以及表达FasL等诱导靶细胞凋亡。CIK细胞通过释放颗粒酶、穿孔素以及分泌 IFN -γ、TNF -α等细胞因子杀伤靶细胞。DC细胞主要功能是抗原提呈，一般不直接杀伤靶细胞，但可激活T细胞间接发挥杀伤作用。

（3）细胞特性：NK细胞是固有免疫细胞，能迅速对感染或肿瘤细胞做出反应。CTL细胞是适应性免疫细胞，需要抗原激活，具有免疫记忆。CIK细胞兼具T细胞和NK细胞的部分特性，增殖能力强、杀瘤活性高。DC细胞是功能最强的抗原提呈细胞，能激活初始T细胞，启动适应性免疫应答。

（4）临床应用：NK细胞疗法可用于肿瘤治疗，尤其对血液系统肿瘤和某些实体瘤有一定疗效。CTL细胞在肿瘤免疫治疗中可通过CAR-T细胞疗法等方式发挥作用。CIK细胞治疗常用于肿瘤的过继免疫治疗，可提高患者免疫力和抗肿瘤能力。DC细胞可用于制备肿瘤疫苗，通过激活机体的抗肿瘤免疫反应来治疗肿瘤。

182 γδ-T 细胞有望成为癌症治疗高效新手段吗？

由于生物科技的迅猛发展，治疗癌症的免疫细胞种类层出不穷。近

期，一项由美国莫菲特癌症中心主导的研究登上了国际知名期刊 *Cell Reports Medicine* 杂志上，披露了一种新型的免疫细胞 γ-δT 细胞在 33 种不同癌症类型中的重要作用！研究人员说，尽管 γ-δT 仅占 T 细胞群的一小部分，但 γδ T 细胞能够识别更广泛的肿瘤抗原。最近的突破性发现表明，可以通过靶向治疗方法增强或挽救 γδ T 细胞的抗肿瘤功效。目前研究人员已经对覆盖 33 种癌症类型的 γδ TCR 景观进行最准确、最全面的检查，这意味着，这是迄今为止人类癌症上最大的 γδ 克隆集合，通过深入了解 γ-δT 细胞在不同类型癌症中的作用，能够更精准地订制治疗方案，以提高患者的治疗效果！

值得振奋的是，目前国内以及国际上已成功采用 γ-δT 细胞治疗肝癌、肺癌、食管癌、白血病等各类癌症，并取得了鼓舞人心的初步数据。

1. γδT 细胞的六大功能 γδT 细胞可以产生大量的细胞因子和趋化因子，来调节其他免疫（如 Treg）和非免疫细胞，γδT 细胞可以为 B 细胞提供帮助，诱导树突细胞（DC）成熟，γδT 细胞参与巨噬细胞募集，γδT 细胞对各种恶性肿瘤（如神经母细胞瘤）表现出不同程度的细胞溶解活性，γδT 细胞产生维持表皮完整性的生长因子 γδT 细胞，可以为 αβT 细胞提供抗原。

2. γδT 细胞在免疫治疗中的四大优势 ①γδT 细胞通过产生和释放可溶性因子来靶向直接以及间接杀伤肿瘤细胞，是天然的肿瘤杀手；②不受限于 MHC 分子的递呈机制，异体用于肿瘤临床治疗的安全性已经被多次验证；③与通用型 UCAR-T 不同，同种异体 γδ T 细胞或新抗原 γδ T 细胞不需要利用基因编辑技术敲除 TCR 基因来减少免疫排斥，因此可避免脱靶等诸多风险；④至今多篇研究均表明 γδ T 细胞具备了良好的肿瘤浸润能力，对于克服一般 CAR-T 疗法的实体瘤障碍（例如：TME）具有极高的潜在能力。

近年来，γδ-T 细胞在感染免疫、肿瘤免疫、AID 等领域中所起的作用越来越受到广泛关注。国内外学者就其作用特点与机制做了大量研究，发现 γδT 细胞能执行复杂的功能，如免疫监视、免疫调节和发挥免疫效应等作用。特别是 γδ-T 细胞可用于异体治疗的特质及其在实体瘤治疗中展现出卓越的潜力。这对恶性肿瘤患者而言，无疑是巨大的福音，异体 γδ-T 细胞治疗有望成为一种前景广阔的肿瘤治疗新手段（图 7-6）。

γδ T 细胞存在于所有人体内的淋巴细胞中，占外周血淋巴细胞 1%～5%。作为免疫系统先天反应的一部分，天然特性使其成为有前途的治疗候选药

物。γδ T 细胞的独特功能结合了适应性
（γδTCR介导）和先天（NK 细胞）免疫，
可特异性识别和消除肿瘤细胞，同时保
留正常、健康的细胞。

与 αβ T 细胞不同，γδT 细胞以 MHC
非依赖性方式执行其肿瘤杀伤功能，因
此可以在同种异体环境中使用，且不会
引起移植物抗宿主病（GvHD）的风险。
一旦γδ T 细胞识别出生理应激信号的改
变，它们就能迅速响应，无须通过抗原
呈递细胞引发或淋巴系统中的克隆扩增。
为此，它们可以立即杀死转化或感染的

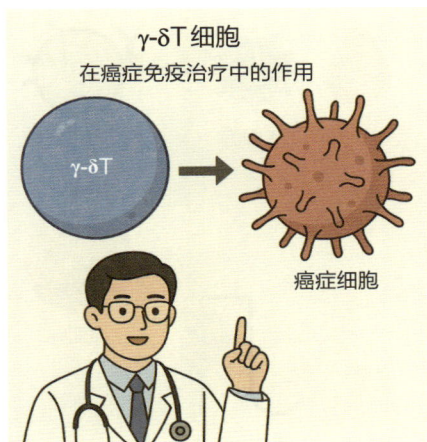

图7-6 γδ-T 细胞有望成为癌症治疗
高效新手段

细胞，激活适应性免疫系统并自身呈递抗原，以迅速激发全身免疫应答。此
外，γδ T 细胞通过自然归巢到各种组织来执行免疫监视，使它们具有优于αβ
T 细胞根除组织中实体瘤的潜力。

γδ T 细胞是存在于所有人体内的淋巴细胞（白细胞）的组分，占外周血
淋巴细胞的1%～5%。由于其抗肿瘤作用相对强大，故目前布局主要集中在
肿瘤领域，但其在抗感染性疾病、自身免疫疾病等方面均也被证实有效。

183 CAR-T疗法在血液系统恶性肿瘤中的现状如何？

CAR-T细胞治疗，即嵌合抗原受体T细胞治疗，在血液系统恶性肿瘤中
应用广泛，以下是具体介绍（图7-7）。

1. 治疗原理 通过基因工程技术，将患者自体的T细胞分离提取出来，
进行改造，增加能识别肿瘤细胞表面特定抗原的嵌合抗原受体，变成CAR-T
细胞。然后在体外大量扩增，再回输到患者体内，这些CAR-T细胞就能精准
识别并特异性杀伤表达相应抗原的肿瘤细胞。

2. 主要应用类型

（1）急性淋巴细胞白血病（ALL）：对于复发难治性ALL，CAR-T细胞治疗
可取得显著疗效，能使相当一部分患者获得完全缓解，提高生存率。例如，靶

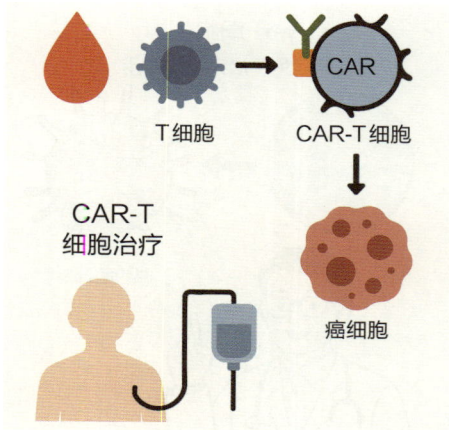

图7-7　CAR-T治疗血液系统恶性肿瘤

向CD19抗原的CAR-T细胞治疗，对CD19阳性的ALL患者缓解率较高。

（2）非霍奇金淋巴瘤（NHL）：在多种亚型的NHL中，如弥漫大B细胞淋巴瘤等，CAR-T细胞治疗也展现出良好的效果，可使部分患者在多次复发后仍获得疾病的控制和缓解，改善生存质量和延长生存期。

（3）多发性骨髓瘤（MM）：通过靶向B细胞成熟抗原（BCMA）等抗原，CAR-T细胞治疗为多发性骨髓瘤患者带来了新的希望，可有效减少骨髓瘤细胞，提高患者的无进展生存期和总生存期。

3. 治疗效果　多项临床试验和实际应用数据表明，CAR-T细胞治疗在血液系统恶性肿瘤中能显著提高患者的缓解率。比如在一些研究中，复发难治性B细胞急性淋巴细胞白血病患者接受CAR-T细胞治疗后，完全缓解率可达80%左右。

4. 不良反应及处理

（1）细胞因子释放综合征（CRS）：是最常见的不良反应，表现为发热、乏力、头痛等。轻度CRS可通过对症治疗缓解，如使用退烧药等；中重度CRS可能需要使用托珠单抗等药物进行治疗。

（2）神经毒性：可出现意识障碍、癫痫发作等症状。治疗上主要是对症支持治疗，如给予脱水降颅压、营养神经等药物。

CAR-T细胞治疗在血液系统恶性肿瘤中具有重要地位和良好的应用前景，但也存在一些挑战，需进一步研究优化，以提高治疗的安全性和有效性。

184　CAR-T疗法在实体瘤治疗中的前景怎样？

CAR-T细胞治疗在实体瘤中的应用面临诸多挑战，但也取得了一些进展（图7-8）。

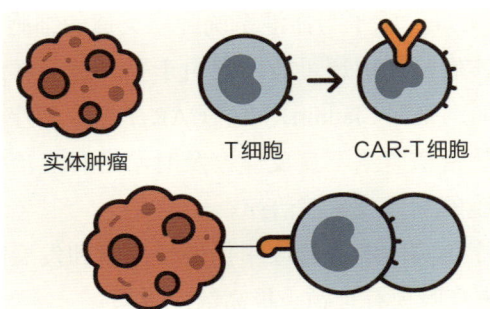

图7-8 CAR-T治疗实体瘤的前景

1. 治疗难点

（1）抗原选择：实体瘤缺乏特异性高、表达均匀的抗原。一些在实体瘤中表达的抗原，在正常组织中也有一定程度的表达，CAR-T细胞攻击肿瘤细胞时可能会引起严重的脱靶效应。

（2）肿瘤微环境：实体瘤的微环境较为复杂，存在大量的免疫抑制细胞、细胞因子和细胞外基质等，会阻碍CAR-T细胞的浸润、增殖和活化，使其难以发挥有效的抗肿瘤作用。

2. 主要应用类型及进展

（1）胃癌：Claudin18.2是一种在胃癌等实体瘤中高表达的蛋白。以Claudin18.2为靶点的CAR-T细胞治疗在临床试验中显示出一定的疗效，部分患者的肿瘤得到控制，病情有所缓解。

（2）肝癌：GPC3是肝癌细胞表面的一种糖蛋白。针对GPC3的CAR-T细胞治疗在肝癌的治疗中也有探索，初步结果表明其具有一定的安全性和抗肿瘤活性，能使部分患者的肿瘤标志物下降，影像学检查显示肿瘤有缩小迹象。

（3）肺癌：间皮素在多种肺癌细胞表面表达。以间皮素为靶点的CAR-T细胞治疗在肺癌的治疗中进行了尝试，在一些病例中观察到CAR-T细胞能够在肿瘤组织中富集并发挥一定的抗肿瘤作用，但整体疗效还需要更多的临床试验来验证。

3. 治疗效果 目前CAR-T细胞治疗实体瘤的效果不如在血液系统恶性肿瘤中显著。在一些小规模的临床试验中，虽然有部分患者出现肿瘤缩小或病情稳定的情况，但总体缓解率相对较低，完全缓解率仍不理想。

4. 不良反应及处理 除了与血液系统肿瘤类似的细胞因子释放综合征和神经毒性外，在实体瘤治疗中还可能出现由于靶点在正常组织表达导致的器官特异性毒性。例如，靶向Claudin18.2的CAR-T细胞治疗可能会引起胰腺炎等。处理方法主要是密切监测不良反应，及时给予对症治疗和支持治疗，必要时调整CAR-T细胞的剂量或暂停治疗。

CAR-T细胞治疗在实体瘤中的应用仍处于探索和发展阶段，需要进一步的研究和技术改进来克服现有难题，提高治疗效果。

185 CAR-NK治疗有何特点？

CAR-NK细胞治疗是将CAR技术应用于NK细胞，以增强其抗肿瘤活性（图7-9）。

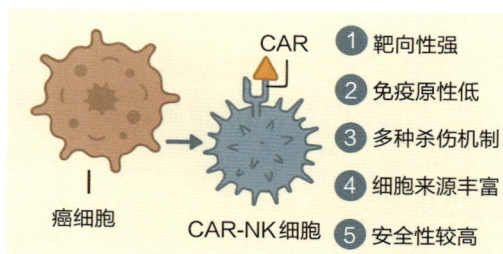

图7-9 CAR-NK治疗的特点

1. 靶向性强 通过CAR技术可使NK细胞精准识别肿瘤细胞表面的特定抗原，像CAR-NK细胞能靶向CD19抗原治疗B细胞淋巴瘤，精准打击肿瘤细胞，减少对正常细胞的损伤。

2. 免疫原性低 NK细胞源于自身或健康供体，相比CAR-T细胞，CAR-NK细胞引起的免疫排斥反应较弱，降低了移植物抗宿主病（GVHD）的发生风险，在异体移植治疗中更具优势。

3. 多种杀伤机制 CAR-NK细胞不仅能通过CAR识别并结合肿瘤细胞，还可利用自身的天然杀伤活性，通过释放穿孔素、颗粒酶等细胞毒性物质，以及激活死亡受体途径来杀伤肿瘤细胞，杀伤方式多样，抗肿瘤效果较好。

4. 细胞来源丰富 NK细胞可从外周血、脐带血、骨髓等多种组织中获取，来源较为广泛。而且还可以对NK细胞进行体外扩增培养，获得足够数量的细胞用于治疗。

5. 安全性较高 CAR-NK细胞在体内的存活时间相对较短，能减少因长期存在而引发的潜在副作用。同时，其引发细胞因子释放综合征和神经毒性等严重不良反应的概率较低，治疗安全性高。

不过，CAR-NK细胞治疗也存在一些挑战，如NK细胞体外扩增难度较大、细胞活性维持时间有限等，还需要进一步研究改进以提高其治疗效果和应用范围。

186 肿瘤疫苗在癌症治疗中的意义？

1. 现状

（1）种类不断丰富：肿瘤疫苗包括全细胞疫苗、肿瘤多肽疫苗、基因工程疫苗和抗体肿瘤疫苗等。如美国FDA批准的首个以DC为主要效应细胞的自体细胞免疫治疗药物sipuleucel-T，用于转移性去势抵抗性前列腺癌治疗；韩国的胰腺癌疫苗gv1001、葛兰素史克的二价宫颈癌疫苗cervarix等多肽疫苗也进入临床研究。

（2）临床疗效初显：在多种癌症治疗中取得一定成效。如CIMAvax-EGF肺癌疫苗能显著延长非小细胞肺癌患者生存期，近半数患者生存期达2年甚至更长；WT1肽抗原树突细胞疫苗对乳腺癌、肺癌、急性髓系白血病等患者，可使部分患者肿瘤消退、肿瘤标志物下降。

（3）技术持续创新：mRNA技术应用于肿瘤疫苗研发，如国内云顶新耀的EVM16完成首例患者给药，其专有的算法系统不断升级；AI也成为提升研发效率与精准度的核心驱动力，如甲骨文创始人宣布的AI驱动的肿瘤疫苗系统计划。

2. 前景

（1）个性化治疗发展：个性化肿瘤疫苗是重要发展方向，像丹娜法伯癌症研究所和耶鲁大学联合研究的个体化新抗原疫苗PCV，9名高风险肾癌患者术后注射后，中位随访40.2个月，100%未复发，能精准识别并攻击癌细胞，且副作用小。

（2）联合治疗增效：肿瘤疫苗与其他治疗方法联合应用，如EVM16与

PD‐1抗体联用有协同抗肿瘤效果，可提高治疗效果，为患者带来更多获益。

（3）研发不断推进：多国积极支持AI驱动的mRNA肿瘤治疗产品研发，随着技术的不断进步，有望在更多癌症类型的预防和治疗中取得突破，提高患者生存率和生活质量。

不过，肿瘤疫苗广泛应用到临床还有相当长的路要走，面临着诸多挑战，如mRNA疫苗保存条件苛刻、储存成本大，多数临床试验仍停留在Ⅰ期或Ⅱ期，缺乏长期研究结果证据等（图7-10）。

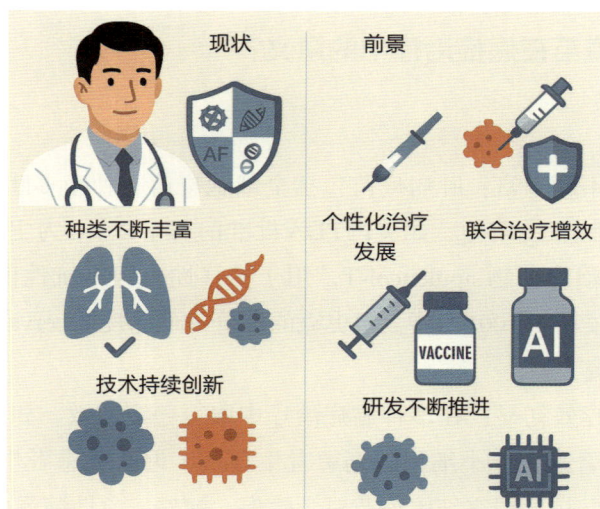

图7-10　肿瘤疫苗治疗癌症

第八章

细胞治疗的重要组成部分——外泌体

第一节 外泌体基础知识

187 外泌体到底是一种什么物质？

外泌体其实就是细胞分泌出来的一种非常小的囊泡，小到什么程度呢？它的直径为30～150nm，要知道，纳米可是一个极小的长度单位，外泌体在微观世界里可以说是相当迷你了（图8-1）。

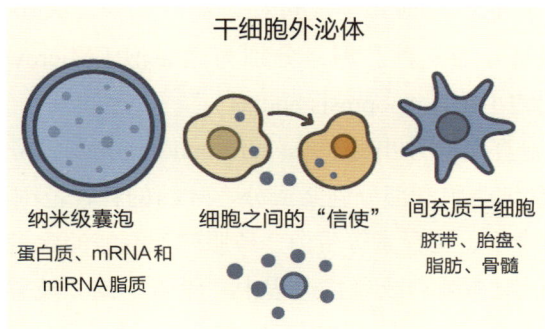

图8-1 外泌体

别看外泌体个头小，里面装的东西可不少，有蛋白质、核酸（像 mRNA 和miRNA 这些）、脂质等好多具有生物活性的分子。

这些外泌体就像细胞之间的"信使"，能够参与细胞之间的信息交流，还能调节受体细胞的各种功能，在组织修复、免疫调节等过程中都扮演着重要角色。外泌体的发现，让我们对细胞之间复杂的交流方式有了新的认识，也为治疗各种疾病带来了新的希望。

间充质干细胞是外泌体的重要"生产者"之一。间充质干细胞的来源很广泛，像脐带、胎盘、脂肪、骨髓这些组织里面都含有间充质干细胞。

不过，不同组织来源的间充质干细胞就像性格各异的人一样，存在着差异，这种差异也导致了它们分泌的外泌体各不相同。

不同来源的间充质干细胞分泌的外泌体，从"出生"（生物合成）、"释放"（释放机制）到"本领"（生物学功能），各个方面都有所不同。而这些差异，会直接影响到它们在疾病治疗中的效果和未来的应用前景。

188 外泌体的结构是什么样的？

外泌体是指包含了复杂 RNA 和蛋白质的小膜泡，所有培养的细胞类型均可分泌外泌体，且外泌体天然存在于体液中，包括血液、唾液、尿液、脑脊液和乳汁中。

国际细胞外囊泡协会（International Society for Extracellular Vesicles，ISEV）对细胞外囊泡（extracellular vesicles，EVs）的定义是："细胞分泌到细胞外的脂膜包裹的囊泡。根据其生成过程、释放途径、大小、内容物及其功能等方面的不同而分为三种类型，分别为微囊泡（Microvesicles）、外泌体（Exosomes）和凋亡小体（Apoptosis bodies）。"

微囊泡是细胞直接向外出芽（outward budding）或"挤出"细胞而形成的细胞外囊泡，含细胞膜和部分胞浆成分。MVs的粒径范围为100～1000nm，表面含CD40、整合素、选择素等蛋白，磷脂酰丝氨酸的含量较高。

凋亡小体是细胞在凋亡或死亡过程中"脱落"或"破裂"释放到细胞外形成的囊泡，可以理解为"从细胞逐渐脱落的膜结构"。其形态异质性程度最大，大小50～5000nm，但总体来说粒径大的占比较高。其膜上通常含有较多的磷脂酰丝氨酸。

外泌体起源自细胞膜向内出芽（inward budding）形成胞内小体（endosome），在细胞内经过早期胞内小体、多囊复合体、定向组装、迁移等过程，与细胞膜融合后以外吐（exocytosis）方式排出细胞。因而成分和结构更为复杂，甚至包含部分从胞外间质或培养液中"吞入"的成分。外泌体大小为50～150nm，含有细胞膜常规的四跨膜蛋白（CD9、CD63、CD81等）；热休克蛋白（Hsc70）、溶酶体蛋白（Lamp2b）、肿瘤敏感基因101（Tsg101）

融合蛋白（CD9、flotillin，annexin）等蛋白，膜上胆固醇和二酰甘油含量较高（图8-2）。

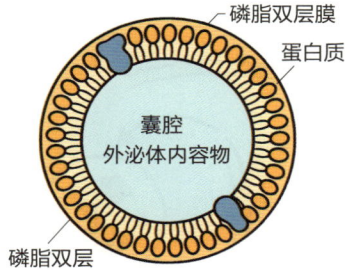

图8-2 **外泌体的结构**

三种细胞外囊泡均来自细胞（为方便描述通常将生成胞外囊泡的细胞称为其"母细胞"）。同一种细胞在不同时间和生长状态下可生成外泌体、微囊泡和凋亡小体。三种胞外囊泡都不可避免地带有母细胞的成分，如膜蛋白、骨架蛋白、细胞质蛋白、磷脂类、代谢产物等。无论其分子组成还是粒径大小都存在着或多或少的重叠。

尽管从理论上三种细胞外囊泡存在明显不同，但目前尚无一种技术可将外泌体与微囊泡或凋亡小体分离开来，也没有明确的分子标记用于鉴别三种胞外囊泡。人们往往将它们通称为"细胞外囊泡"。

三种细胞外囊泡中，外泌体的平均粒径最小、均匀度最高（粒径分布范围最窄）、组成最为复杂、功能最为多样。因而，理论和应用价值最高，得到了最深入的研究和广泛应用。所以，人们提到细胞外囊泡大多是指外泌体，在学术论文和日常交流中往往将外泌体（Exosome，Exo）与细胞外囊泡（extracellular vesicles，EVs）混用。

189 外泌体从哪儿来？

外泌体的起源、合成和分泌经历以下过程：母细胞的细胞膜通过内吞或"向内出芽（inward budding）"形成早期胞内小体（early endosome），在细胞内部逐渐成熟为晚期胞内小体（late endosomes）和多囊小体（multivesicular bodies，MVBs）。在外泌体的雏形以腔内囊泡（intraluminal vesicles，ILVs）的形式存在于MVBs内部。随后MVBs与细胞膜融合，以外吐（exocytosis）的方式将ILVs排出细胞外成为外泌体（图8-3）。

早期胞内小体和晚期胞内小体成熟为多囊小体的过程也是外泌体的"组装过程"：多种胞质内物质包括蛋白（酶分子、热休克蛋白等）、核酸（主要是RNA如mRNA、miRNA、piRNA、snoRNA、snRNA、rRNA、tRNA、Y-RNA、scRNA等）、代谢产物等主动或被动载入胞内小体膜上或者囊腔内。

母细胞

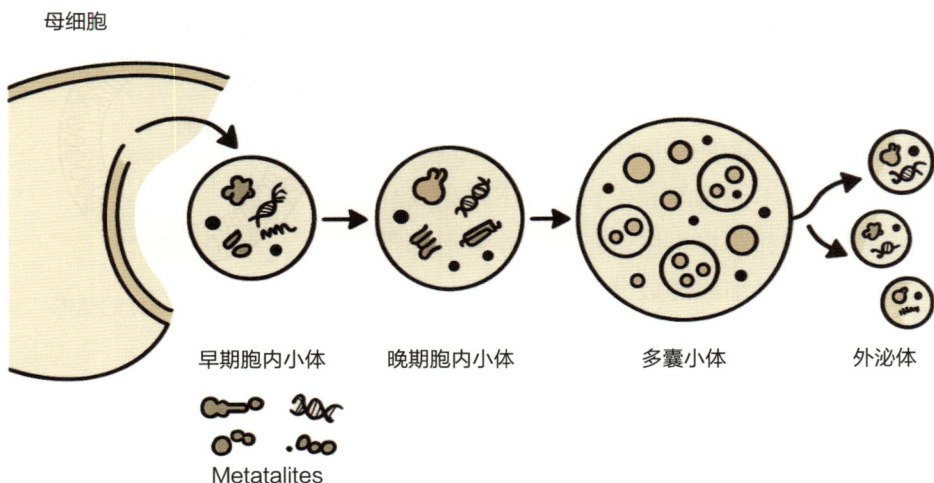

早期胞内小体   晚期胞内小体   多囊小体   外泌体

Metatalites

图8-3　外泌体的来源

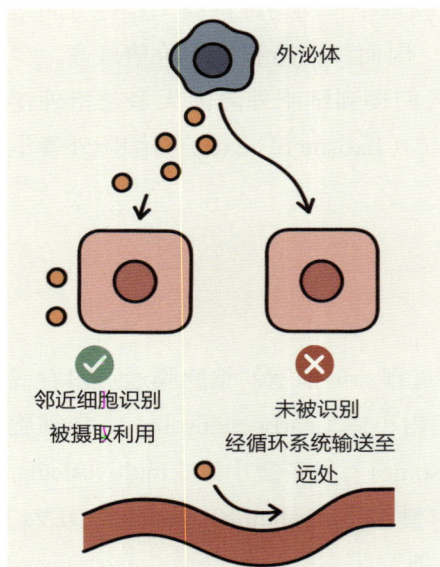

外泌体

邻近细胞识别
被摄取利用

未被识别
经循环系统输送至
远处

图8-4　外泌体的去向

190 外泌体到哪里去？

　　相比外泌体生成的相对明确的"线性流程"，外泌体被细胞释放后的去向则明显复杂多变和充满不确定性。若邻近组织细胞可识别和"捕获"外泌体，则外泌体被邻近细胞摄取利用。若邻近细胞不能识别和捕获外泌体，则外泌体将通过循环系统被运输至较远的细胞或组织处（图8-4）。

191 邻近和远处的组织细胞，如何摄取外泌体"为我所用"？

　　1. 外泌体膜表面配体与接收细胞膜上的受体结合，激活受体介导的信号转导途径，被激活的接受细胞通过内吞作用，将内容物摄入细胞内（图8-5）。

2．接收细胞直接以内吞方式将外泌体摄入细胞，外泌体内容物释放到细胞内，部分外泌体成分参加新的多泡体生物合成过程。

3．外泌体膜与细胞膜直接融合，将外泌体内容物释放入细胞质中。

4．外泌体的去向有很大的不确定性并受多种因素的影响。既存在明确目的地的定向迁徙，如受体介导的特异性结合、干

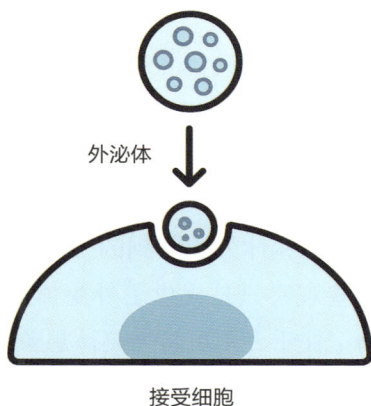

图8-5　外泌体的摄取

细胞或肿瘤细胞的"归巢"；也存在无目的的或随机性的游走。既可能被循环系统和网状内皮系统非特异吞噬掉，也可能受接收细胞局部微环境和细胞状态的影响而改变去向。

192　外泌体长得什么样？

外泌体大小30～150nm，这虽是具体尺寸，但仍令人难以想象。以头发为参照就容易想象它了，头发丝直径20～120μM，外泌体大体上是头发丝的千分之一（图8-6）。关于外泌体的形状，最常见的描述是"杯口状"或"盘状"。果真如此吗？

因为外泌体太小，一般显微镜根本无法观察其形态，只能采用电子显微镜观察，最早采用透射电子显微镜（TEM）观察并报道的外泌体图像就是这种"杯口状"。之后便被广泛接受和传播，一提起外泌体的形态就会以"杯口状"来描述。由于电子显微镜观察前的样本处理过程，可能导致外泌

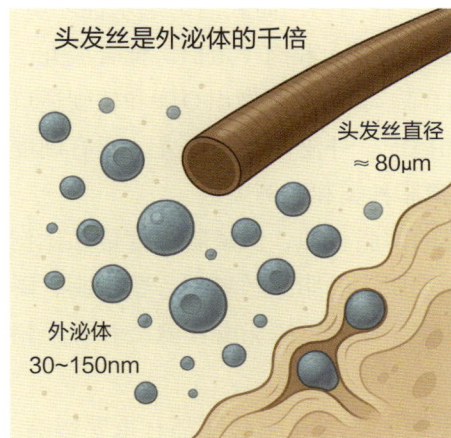

图8-6　外泌体的大小

体"脱水"和"皱缩",这种已被普遍接受的外泌体形态可能是处理后造成的,而并非其自然形状。之后,人们采用扫描电子显微镜(SEM)和冷冻电子显微镜(CEM)等,陆续观察记录到形态各异的外泌体图像。更多提示外泌体是"不同大小的球形,有双层的外壳"。不仅仅揭示了更清晰的外泌体形态,也提示了外泌体的结构。

这些体外观察到的外泌体是否能真实反应在体内的自然状态?我们认为这些观察只是提供了外泌体形态的一个基本线索,而远非体内的自然状态。请记住千万不可将外泌体想象为一个"坚硬不变的固态球体",这不符合外泌体在体内生成、运输和利用的生物过程。也难以解释外泌体活跃的生理和病理功能。

我们提出外泌体在体内自然形态的推测和想象:体内外泌体以球形为基础,但大小和形态各异;外泌体形态和结构并非一成不变,随着环境和自身状态而动态变化;外泌体是柔软的、具有弹性和可变性。可能像红细胞一样可以"挤过狭窄的毛细血管和组织间隙",变形也可能是外泌体通过生物屏障的方式之一。

193 外泌体是什么样的结构与组成?

外泌体的结构是一个囊泡结构,外泌体膜(外壳)由双层磷脂和蛋白构成,内部是所谓的"囊腔"。外泌体膜为疏水性结构,而腔内为亲水性环境。您可以将它想象成一个"撒尿牛肉丸",油(磷脂)和肉(蛋白)糅合成丸子外壳,而丸子内汤汁便相当于外泌体"内容物"。正如要做出Q弹和软硬适口的牛肉丸子,需要掌握好油和肉的种类和搭配。外泌体与牛肉丸一样有硬度和弹性,外泌体硬度和弹性主要由膜上的磷脂种类和比例决定。

外泌体膜为磷脂双层膜,与母细胞膜的磷脂相似,但磷脂的含量和比例略有不同。外泌体膜常见的磷脂包括:鞘糖脂、磷脂酰丝氨酸、鞘磷脂、磷脂酰胆碱、胆固醇和磷脂酰乙醇胺等。其中胆固醇、磷脂酰丝氨酸和神经鞘磷脂含量较高。

外泌体膜磷脂对外泌体的性质如带电性、硬度和流动性都有重要影响。例如上述外泌体膜上常见磷脂中,鞘糖脂和磷脂酰丝氨酸为阴性离子;鞘磷脂、磷脂酰胆碱和胆固醇为中性；而磷脂酰乙醇胺为弱阳性。不同细胞来源外泌体由于磷脂比例不同，其外泌体的电荷也不同。外泌体带电性是外泌体的一个重要理化属性，也是进行分离纯化所依据的基础特性之一。

外泌体膜为半固态，具有流动性和通透性的生物膜。"镶嵌"在膜上的蛋白不仅可能发生位置移动，也可能发生构型的改变；同时外泌体内外物质也可以主动或被动通过外泌体膜进行流动和交换。外泌体膜的流动性和通透性也是进行药物加载操作的重要结构基础。

外泌体膜蛋白：从外泌体的生物合成过程，不难判断外泌体膜蛋白与母细胞膜具有相似性。外泌体膜上蛋白大部分源于母体细胞膜，当然也包含在后期胞内小体和多囊小体阶段掺入的某些细胞质蛋白。这样，外泌体膜蛋白中既有来自母细胞膜，也有来自胞浆的蛋白。

源于母细胞膜的蛋白如CD63、CD81、CD82、CD9等、细胞浆膜蛋白如浮舰蛋白；在MVB加工过程加入的蛋白如Alix、Tsg101等；细胞质蛋白如细胞骨架蛋白（微管蛋白、肌动蛋白、肌动蛋白结合蛋白）、内膜融合/转运蛋白（膜联蛋白、Rab蛋白），和信号转导蛋白（蛋白激酶、G蛋白）；以及多种代谢酶类（过氧化物酶、丙酮酸和脂肪激酶、烯醇酶）等。

膜蛋白对外泌体的去向和功能都至关重要。接收细胞识别外泌体膜表面的受体或配体蛋白而选择性结合，从而影响外泌体的"靶向性"；通过配体-受体的信号转导途径，外泌体也可能直接诱导接收细胞的生物反应，从而调控其生物行为，例如细胞分化、增殖或者凋亡等。

外泌体内部是疏水性囊腔，囊腔内物质通称为"外泌体的内容物"（像牛肉丸里面的灌汤），含有来自母细胞微环境和细胞质的多种蛋白、核酸、脂类和代谢物等。国际胞外囊泡数据库ExoCarta中收录的内容物包括：9769种蛋白质、3408种mRNA、2838种miRNA、1116种脂类等。

外泌体合成过程主要在细胞质内，RNAs在加工过程中进入外泌体内，且受到磷脂双层膜保护而维持稳定，因此外泌体中含有丰富的RNAs，包括mRNA、miRNA、piRNA、snoRNA、snRNA、rRNA、tRNA、Y-RNA和scRNA等。外泌体RNAs不仅是液体活检最有价值的信息分子，也是外泌体发挥细胞调控功能的重要效应分子。

外泌体中DNA含量极少，不含或极少含有核蛋白、线粒体、内质网和高尔基体来源的蛋白，这也与外泌体的生物合成过程相关。

　　无论外泌体膜还是内容物既与母细胞有很高的相似性，也存在着差异。母细胞浆膜上高含量的蛋白，在外泌体膜上可能含量较少甚至缺失，表明外泌体并非简单浆膜融合或浆膜的一部分。外泌体内容物的种类和含量也受母细胞的生理状态和微环境的共同影响，呈现时空的多样性和异质性，这是EVs研究和应用中的难题之一。

第二节　干细胞外泌体的临床应用

194　在皮肤损伤修复方面，干细胞外泌体的应用效果如何？

　　干细胞外泌体在皮肤损伤修复方面有显著的应用效果。

　　1. 促进细胞增殖与迁移　细胞外泌体可加速皮肤细胞的分裂与增殖，促进成纤维细胞、角质形成细胞等迁移至损伤部位，有助于伤口愈合。例如在烧伤创面愈合的研究中，能使创面愈合时间明显缩短。

　　2. 刺激胶原蛋白合成　泌体可刺激成纤维细胞合成和分泌胶原蛋白、弹性纤维等细胞外基质成分，增加皮肤弹性和韧性，减少瘢痕形成。在皮肤老化或创伤导致的组织缺损修复中，能有效改善皮肤质地，使皮肤更加紧致光滑。

　　3. 调节免疫反应　细胞外泌体可调节免疫细胞的活性和功能，减轻炎症反应，创造有利于组织修复的微环境。在治疗皮肤炎症相关的损伤如特应性皮炎、银屑病等方面有积极作用，能缓解炎症症状，促进皮肤损伤修复。

　　4. 促进血管生成　能促进内皮细胞的增殖、迁移和分化，形成新的血管，为损伤部位提供充足的氧气和营养物质，加速组织修复。在慢性难愈合伤口的治疗中，可改善局部血液循环，提高伤口愈合质量。

195　干细胞外泌体是怎样促进骨骼损伤的修复与再生的？

　　干细胞外泌体促进骨骼损伤修复与再生主要通过以下几种方式。

　　1. 促进成骨细胞分化　细胞外泌体中含有多种生物活性分子，如骨形态发生蛋白（BMPs）、转化生长因子-β（TGF-β）等。这些因子可以激活相关信号通路，诱导骨髓间充质干细胞向成骨细胞分化，从而增加成骨细胞的数量，促进骨基质的合成与矿化，加速骨骼损伤的修复。

2. 促进血管生成　骨损伤修复需要充足的血液供应来提供营养物质和氧气。干细胞外泌体可以通过释放血管内皮生长因子（VEGF）等血管生成因子，促进内皮细胞的增殖、迁移和管腔形成，从而在损伤部位形成新的血管，为骨组织的修复和再生提供良好的血运环境。

3. 调节免疫反应　骨骼损伤初期，局部会发生炎症反应。干细胞外泌体具有免疫调节功能，它可以抑制过度的炎症反应，减轻炎症对骨组织的损伤，同时吸引免疫细胞分泌生长因子和细胞因子，为骨修复创造有利的微环境。

4. 促进细胞外基质合成　细胞外泌体可以调节成骨细胞和其他相关细胞的功能，促进细胞外基质如胶原蛋白、纤连蛋白等的合成与分泌。这些细胞外基质不仅为骨细胞提供了物理支撑，还参与调节细胞的行为和信号传导，有助于骨组织的构建和修复。

196　对于心肌梗死，干细胞外泌体在心肌修复中有哪些临床研究成果？

心肌梗死是严重威胁人类健康的心血管疾病，即便当前治疗手段能挽救部分患者生命，心肌细胞大量死亡、心脏功能受损依旧是难以攻克的难题，严重影响患者预后与生活质量。近年来，干细胞外泌体作为极具潜力的治疗新方向，在心肌修复临床研究里收获了一系列令人瞩目的成果。

1. 在心脏功能改善层面，多项临床试验展现出积极效果。在一项临床试验中，对10例心肌梗死患者进行干细胞外泌体治疗，通过冠状动脉注射方式将外泌体递送至心脏。治疗后随访发现，所有患者左心室射血分数（LVEF）平均提高了15%，心脏收缩功能明显增强；左心室舒张末期内径（LVEDD）缩小，意味着心脏重构得到有效抑制，且无严重副作用发生。另一项研究中，经静脉注射干细胞外泌体，同样观察到心脏功能指标改善，纽约心脏病协会（NYHA）心功能分级有所提升，患者日常活动耐力增强，胸闷、气短等症状缓解，生活质量显著提高。

2. 炎症调节上，干细胞外泌体也发挥关键作用。一项针对急性心肌梗死患者开展研究，分析治疗前后炎症因子水平变化，结果显示，促炎因子如肿瘤坏死因子-α（TNF-α）、白细胞介素-6（IL-6）表达大幅降低，抗炎因子白细胞介素-10（IL-10）水平升高。这表明干细胞外泌体能够有效调节炎症微环境，抑制过度炎症反应对心肌细胞的进一步损伤，为心肌修复营造良好条件。

3 在血管新生促进方面，临床研究成果同样突出。借助心脏磁共振成像（MRI）和正电子发射断层显像（PET）等影像学技术，对接受干细胞外泌体治疗的心肌梗死患者进行评估，发现梗死区域血管密度明显增加。进一步血管造影检查显示，新生血管数量增多、管径增大，心肌血液灌注得到改善，保障了受损心肌的氧气与营养物质供应，有力推动心肌组织修复。

4. 细胞凋亡抑制也是干细胞外泌体治疗的一大亮点。通过检测心肌组织中凋亡相关蛋白表达，发现经干细胞外泌体治疗后，促凋亡蛋白Bax表达下降，抗凋亡蛋白Bcl-2表达上升，心肌细胞凋亡率显著降低。这意味着干细胞外泌体能够干预心肌细胞凋亡信号通路，减少心肌细胞死亡，保存心肌组织完整性，维持心脏功能。

197 针对自身免疫性疾病，如类风湿关节炎、系统性红斑狼疮、银屑病，干细胞外泌体的治疗效果如何？

干细胞外泌体在自身免疫性疾病的治疗中展现出了一定的潜力，对类风湿关节炎、系统性红斑狼疮、银屑病等疾病有不同程度的治疗效果。

1. 类风湿关节炎 干细胞外泌体可调节免疫细胞功能，抑制促炎细胞因子如肿瘤坏死因子-α、白细胞介素-1等的分泌，减轻关节炎症反应。同时，它还能促进软骨细胞和滑膜细胞的修复与再生，减少关节软骨和骨组织的破坏，从而缓解关节疼痛、肿胀等症状，改善关节功能。多项动物实验和初步临床试验结果显示，干细胞外泌体治疗能有效减轻类风湿关节炎的炎症程度，延缓疾病进展。

2. 系统性红斑狼疮 干细胞外泌体能够调节免疫系统的失衡状态，抑制自身反应性T细胞和B细胞的活化与增殖，减少自身抗体的产生。同时，它还具有抗炎和抗氧化作用，可减轻组织器官的炎症损伤，保护重要脏器功能。

在一些临床研究中，接受干细胞外泌体治疗的系统性红斑狼疮患者，其病情活动度得到一定程度的控制，临床症状有所改善，如皮肤红斑减轻、蛋白尿减少等，生活质量得到提高。

3. 银屑病　干细胞外泌体可以通过调节免疫细胞功能，抑制炎症反应，减少角质形成细胞的过度增殖和分化异常。它还能促进皮肤组织的修复和再生，改善皮肤的屏障功能。研究表明，干细胞外泌体治疗可使银屑病患者的皮损面积缩小，皮肤症状减轻，瘙痒等不适症状得到缓解。

198 针对神经系统疾病，如脑卒中及其后遗症、帕金森病、阿尔茨海默病等，干细胞外泌体的治疗效果如何？

在神经系统疾病治疗方面，干细胞外泌体具有积极的应用前景，对脑卒中及其后遗症、帕金森病、阿尔茨海默病等均有较好的治疗效果。

1. 脑卒中及其后遗症

（1）改善神经功能：干细胞外泌体可携带神经营养因子等生物活性物质，促进神经干细胞增殖分化，加速受损神经细胞修复与再生，从而改善患者运动、感觉等神经功能。临床研究发现，接受干细胞外泌体治疗的脑卒中患者，在肢体运动功能、语言功能等方面的恢复情况优于传统治疗组。

（2）促进血管生成：外泌体可分泌血管生成相关因子，促进缺血区域血管新生，为受损脑组织提供充足血液供应，改善局部微环境，有助于神经功能恢复。

2. 帕金森病

（1）保护多巴胺能神经元：帕金森病主要病理特征是中脑黑质多巴胺能神经元变性死亡。干细胞外泌体可通过抑制氧化应激、减少细胞凋亡等机制，保护残存的多巴胺能神经元，延缓疾病进展。在一些临床试验中，患者接受干细胞外泌体治疗后，部分运动症状如震颤、僵硬等有所改善，日常生活能力得到提高。

（2）调节神经递质水平：外泌体可能通过调节神经递质代谢相关酶的活性，维持神经递质如多巴胺、乙酰胆碱等的平衡，改善患者的运动和非运动症状。

3. 阿尔茨海默病

（1）改善认知功能：干细胞外泌体可促进神经元的生长和修复，增强突触连接，改善大脑神经网络功能，进而提高患者的认知能力。临床研究显示，经过干细胞外泌体治疗后，部分阿尔茨海默病患者在记忆力、定向力、语言能力等方面有一定程度的改善。

（2）抑制神经炎症：阿尔茨海默病患者大脑中存在慢性炎症反应。干细胞外泌体具有免疫调节作用，可抑制炎症因子释放，减轻神经炎症，保护神经细胞免受炎症损伤。

199 在糖尿病及其并发症的治疗中，干细胞和干细胞外泌体联合应用有何优势？

在糖尿病及其并发症的治疗中，干细胞和干细胞外泌体联合应用具有多方面的优势，主要体现在以下几点。

1. 促进胰岛 β 细胞再生与修复

（1）干细胞的作用：干细胞具有分化为胰岛 β 细胞的潜能，可在体内微环境的诱导下，分化为能分泌胰岛素的胰岛样细胞，补充因糖尿病而受损或凋亡的胰岛 β 细胞，从而恢复胰岛素的正常分泌，稳定血糖水平。

（2）干细胞外泌体的作用：干细胞外泌体可携带多种生长因子和信号分子，如胰岛素样生长因子 -1、表皮生长因子等，这些因子能促进内源性胰岛 β 细胞的增殖和修复，提高其功能活性，同时还能抑制胰岛 β 细胞的凋亡，与干细胞共同作用，更好地促进胰岛 β 细胞的再生与修复。

2. 调节免疫炎症反应

（1）干细胞的作用：干细胞具有免疫调节功能，可抑制 T 细胞、B 细胞等免疫细胞的过度活化，减少炎症因子的释放，减轻糖尿病患者体内的慢性炎症反应，降低炎症对胰岛 β 细胞和其他组织器官的损伤。

（2）干细胞外泌体的作用：干细胞外泌体同样具有免疫调节作用，能调节巨噬细胞的极化，使其向抗炎型巨噬细胞转化，减少促炎细胞因子的分泌，如肿瘤坏死因子-α、白细胞介素-6 等，同时促进抗炎因子的释放，如白细胞介素-10 等，与干细胞协同发挥抗炎作用，改善糖尿病患者的免疫微环境。

3. 改善胰岛素抵抗

（1）干细胞的作用：干细胞可分化为脂肪细胞、肌肉细胞等胰岛素靶细胞，这些细胞具有正常的胰岛素信号传导通路和功能，能提高机体对胰岛素的敏感性，改善胰岛素抵抗。

（2）干细胞外泌体的作用：干细胞外泌体可通过调节胰岛素信号通路相关分子的表达和活性，如磷酸化胰岛素受体底物 -1、蛋白激酶 B 等，增强胰岛素信号传导，促进葡萄糖转运蛋白 -4 向细胞膜的转位，从而促进细胞对葡萄糖的摄取和利用，降低血糖水平，改善胰岛素抵抗。

4. 修复受损组织器官

（1）干细胞的作用：干细胞可归巢到受损的组织器官，如肾脏、视网膜、神经等，分化为相应的功能细胞，替代受损细胞，修复组织器官的结构和功能，从而治疗糖尿病并发症。

（2）干细胞外泌体的作用：干细胞外泌体可促进血管内皮细胞的增殖和迁移，加速血管新生，为受损组织提供充足的血液供应。同时，它还能抑制细胞外基质的过度沉积，减少纤维化，对糖尿病肾病、糖尿病视网膜病变等并发症的治疗具有积极作用，与干细胞共同促进受损组织器官的修复和功能恢复。

200 在疾病治疗中，怎样才能把干细胞外泌体的优势发挥到极致？

将干细胞外泌体的优势发挥到极致，需要从以下几个方面着手。

1. 治疗方案要精准

（1）选择合适的治疗途径：根据不同疾病和治疗部位，选择最佳途径，例如，对于神经系统疾病，可采用脑内注射、鞘内注射等直接给药方式，提高外泌体在病变部位的富集；对于全身性疾病，静脉注射或腹腔注射可能更合适。

（2）确定最佳剂量和频率：确定不同疾病的最佳外泌体的剂量和频率。剂量过低可能无法达到治疗效果，剂量过高则可能引起不良反应。同时，要考虑外泌体在体内的代谢和清除速率，合理安排给药时间间隔。

2. 综合调理要到位

（1）与其他药物联合：将干细胞外泌体与传统药物联合使用，发挥协同作用。例如，在肿瘤治疗中，外泌体可增强免疫细胞对肿瘤细胞的杀伤作用，与免疫检查点抑制剂联合使用，可能提高治疗效果。

（2）与物理治疗联合：结合物理治疗方法，如电刺激、磁刺激等，促进外泌体对细胞的作用，提高治疗效果。在神经损伤修复中，电刺激可促进神经细胞对干细胞外泌体的摄取，增强神经再生效果。

3. 个性化治疗要科学

（1）根据患者个体差异调整：考虑患者的年龄、性别、疾病类型、病情严重程度等因素，制订个性化的治疗方案。例如，对于老年患者或身体状况较差的患者，可能需要适当调整外泌体的剂量和给药方式。

（2）疾病精准分型：对疾病进行精准分型和分层，针对不同亚型的疾病，选择具有特定治疗优势的干细胞外泌体。如在阿尔茨海默病的治疗中，根据患者的病理生理特征和基因分型，选择更适合的干细胞外泌体来源和治疗方案。

201 展望干细胞外泌体研究的前沿与未来，我们有何期待？

1. 研究前沿

（1）作用机制的深入研究：探究外泌体中具体生物活性分子如特定miRNA、蛋白质等在细胞间通信和疾病发生发展中的作用机制，以及它们如何精准调控细胞的增殖、分化、凋亡等过程。

（2）疾病诊断标志物的继续探索：寻找疾病特异性的外泌体标志物，通过检测血液、尿液等体液中的外泌体，实现对癌症、神经疾病等多种疾病的早期诊断和病情监测。例如，研究发现肿瘤细胞来源的外泌体中含有某些特定的蛋白质和核酸，可作为肿瘤早期诊断的潜在标志物。

（3）联合治疗策略的精心开发：探索干细胞外泌体与其他治疗方法如药物治疗、基因治疗、物理治疗等的联合应用，以提高疾病治疗效果。如在肿瘤治疗中，将外泌体与免疫检查点抑制剂联合，增强机体的抗肿瘤免疫反应。

（4）大规模制备与标准化的推行：开发高效、稳定的干细胞外泌体制备技术，实现大规模生产，并建立统一的质量控制标准，确保外泌体产品的质量和安全性，以满足临床应用的需求。

2. 未来展望

（1）精准医疗应用的拓展：根据患者的个体差异，如基因背景、疾病类型和阶段等，定制个性化的干细胞外泌体治疗方案，提高治疗效果，减少不良反应。

（2）多领域疾病治疗的突破：在心血管疾病、神经系统疾病、免疫系统疾病、肿瘤等多种疾病的治疗中取得更大突破，成为常规治疗手段之一。同时，有望在一些目前难以治愈的疾病如罕见病的治疗中发挥重要作用。

（3）组织工程与再生医学的发展：与组织工程技术相结合，利用干细胞外泌体促进组织再生和修复，构建功能性组织和器官，为器官移植提供新的途径。

（4）跨学科合作的加强：生物学家、医学家、工程师、材料学家等多学科领域的研究人员加强合作，共同推动干细胞外泌体技术的发展，解决技术难题，加速其临床转化和应用。

综上所述，作为干细胞的一个组成部分，干细胞外泌体的临床研究和实际应用异军突起，成果丰硕，我们有理由相信，干细胞外泌体一定会更好地造福患者、造福人民大众的健康。